中国服务设计教育联盟 & 中国工业设计协会设计教育分会推荐

高等学校服务设计系列推荐教材

丁熊　陈嘉嘉　主编

社会创新设计概论

Introduction to Design for Social Innovation

钟芳　编著

中国建筑工业出版社

图书在版编目（CIP）数据

社会创新设计概论 = Introduction to Design for Social Innovation / 钟芳编著 . -- 北京：中国建筑工业出版社，2025.5. --（高等学校服务设计系列推荐教材 / 丁熊，陈嘉嘉主编）. -- ISBN 978-7-112-31068-5

Ⅰ . TB21

中国国家版本馆 CIP 数据核字第 2025LK2806 号

社会创新设计，即通过创新设计的方法来解决社会问题，更好地为弱势群体提供他们能够负担的解决方案。本书系统地介绍了社会创新设计的起源、现状、主要方法、基本内涵等内容，同时通过大量的经典案例解读，帮助读者理解社会创新设计的运用领域、操作方法、实现目标等，是该领域内的基础性读物。本书可供产品设计、工业设计、服务设计等艺术类相关专业在校师生，以及相关领域从业者参考阅读。

本书附赠配套课件，如有需求，请发送邮件至 cabpdesignbook@163.com 获取，并注明所要文件的书名。

责任编辑：吴　绫　吴人杰
责任校对：芦欣甜

高等学校服务设计系列推荐教材
丁熊　陈嘉嘉　主编
社会创新设计概论
Introduction to Design for Social Innovation
钟芳　编著
*
中国建筑工业出版社出版、发行（北京海淀三里河路9号）
各地新华书店、建筑书店经销
北京雅盈中佳图文设计公司制版
北京市密东印刷有限公司印刷
*
开本：787 毫米 ×1092 毫米　1/16　印张：7$\frac{1}{2}$　字数：132 千字
2025 年 5 月第一版　2025 年 5 月第一次印刷
定价：**46.00 元**（赠课件）
ISBN 978-7-112-31068-5
（44560）

版权所有　翻印必究
如有内容及印装质量问题，请与本社读者服务中心联系
电话：(010) 58337283　QQ：2885381756
（地址：北京海淀三里河路9号中国建筑工业出版社604室　邮政编码：100037）

总 序
服务业由来已久，服务设计方兴未艾

服务设计通过人员、环境、设施、信息等资源的合理组织，实现服务内容、流程、节点、环境，以及人际关系的系统创新，有效地为个人或组织客户提供生活、生产等多方面的任务支持，为服务参与者创造愉悦的身心体验，努力实现多方共赢的商业和社会价值。

服务经济超越制造业的发展趋势，无疑是服务设计近年来备受关注的直接原因。但是，我们必须意识到，当城市形成的时候，服务就已经成为业态，餐饮、接待、医疗、教育都是有着古老传统的服务业，离开自给自足农村生活环境的城市居民，需要来自第三方多方面、多层次的物质和精神生活支持。这一点有如工业设计，尽管人类造物活动由来已久，工业设计却是在制造业迅猛发展的 20 世纪初期才发展成为一个完整的知识领域。随着全球范围内城市化进程的发展，以及新的通讯、物联等技术革命浪潮的推动，新的社会环境和新的技术条件不仅仅激发了很多新的个体和社会需求，也为需求的表达和满足创造了更加便利的条件，服务设计成为 21 世纪备受关注的重点领域有着充分的环境条件。

服务业虽然由来已久，近年来围绕用户体验和互联网产品的服务创新也为服务设计作为一个新的知识领域提供了充分的经验基础。然而，新的知识领域的确立需要有明确的对象、成熟的方法和稳定的原则。服务设计领域范畴的确立不是第三产业实践内容的归纳，而是对跨行业实践经验共性决策内容的抽象，比如说"流程、节点与体验结果之间的逻辑关系"。自从有了服务业，服务设计方法论也在不断积累的实践经验中得以总结。不同的是，不同的行业有各自不同的经验，不同的学术群体有各自不同的视角；每一种经验、每一个视角又有着各自的时代背景和历史使命。早期营销学或管理学视角的服务设计理念，注重通过流程再造，提高效率和利润；20 世纪 50 年代开始，护理学领域开始提倡以病人为中心的护理理念，强调个人身体、心理以及社会性的全面健康理念，如今国际先进的医疗机构都已经把服务设计充分地融入到了其护理学科的学术研究和商业性的医疗服务。传统的设计学界关注服务设计相对较晚，1991年比尔·荷林斯夫妇《全面设计：服务领域的设计流程管理》一书的出版（Bill Hollins, "Total Design: Managing the Design Process in the Service Sector"），是设计学领域开始关注服务设计的标志性事件。同年，科隆国际设计学院（KISD）的厄尔霍夫·迈克尔（Michael Erlhoff）与伯吉特·玛格（Birgit Mager）开始将服务设计引入设计教育。卡耐基梅隆大学从1994年开始开设的交互设计专业，虽然没有以服务设计来命名课程，其专业知识体系的核心主题却是超越人机界面和跨越行业的"活动和有组织的服务"。以米兰理工大学为代表的"产品服务系统（Product Service System）"设计理念则是从环境可持续的角度希望通过服务有效减少物质资源的利用，提高环境效益。服务设计的兴起，不仅仅是设计学一个学科领域知识发展的结果，而是不同领域，不同行业，在不同的历史时期，不同的社会、经济和技术条件下，以不同的理念和方法参与社会生活的共同结果。

国内设计学领域的服务设计研究和教学起步较晚，但发展迅速。目前，全国已有数十所院校开设了服务设计研究方向或相关课程，起步较早的部分院校也已经形成了各自的服务设计行业应用特色，如江南大学、四川美术学院都在关注健康服务；清华美院在努力尝试公共服务领域的创新；湖南大学在社会创新设计领域成果卓著；同济大学2009年就和米兰理工大学达成了产品服务系统设计领域的联合培养计划；广州美术学院相对集中在产品服务系统设计和文旅服务设计领域；南京艺术学院则在产学协同、产教融合的合作中积累了服务设计在商业创新领域中的经验，等等。

2020年，北京光华设计发展基金会委托笔者组织国内外数十位学者、业界专家和多方机构代表，开发并发布了《服务设计人才和机构评定体系》。该体系针对不同层次的服务设计从业或管理人员，建立了DML分级服务设计教育标准体系：服务设计（Service Design）、服务管理（Service Management）和服务领导力（Service Leadership）。其中，"服务设计"层级通过对设计思维、服务设计概念、方法与工具等内容的理论学习，结合服务设计实践，建立对服务设计的基础认知，具备从事服务设计项目实践的能力；"服务管理"通过对服务驱动的商业创新、产品服务系统、服务管理工程等课程的学习，结合项目或企业管理经验，建立对服务设计与商业创新活动之间内在逻辑关系的认知，具备带领服务设计团队与项目管理的能力；"服务领导力"则通过对服务经济、公共服务、政务创新、社会创新等课程的学习，洞悉服务设计与社会价值创造的内在联系，建立基于社会视角的全局观和领导力，具备带领团队通过服务设计思维系统解决社会问题的能力。此外，"设计思维"作为独立的课程模块，是要求每一个服务设计师、服务管理或领导者，都应该了解的设计创造活动中思维和决策的共性特征，并以此为基础学会用批判的眼光去理解问题建构和设计决策的不同可能性，也包括理性地接受和批判不同的设计理念、方法和原则。

今次，欣闻广州美术学院丁熊副教授和南京艺术学院陈嘉嘉教授共同主编"高等学校服务设计系列推荐教材"，并获悉二位教授规划丛书时也参考了《服务设计人才和机构评定体系》中的服务设计DML能力架构体系。丛书中，《服务设计流程与方法》《产品服务系统设计》《服务设计与可持续创新》三本教材，通过对服务设计概念、方法与工具等内容的理论学习，结合服务设计实践，建立对服务设计、产品服务系统、可持续服务设计的基础认知，培养学生具备从事服务设计的基本能力。《服务设计研究与实操》《社会创新设计概论》两本教材，通过对服务驱动的产品创新、商业创新和社会创新，聚焦文化、商业和社会价值，培养学生基于管理视角的全局观、领导力和责任感，提升学生通过服务设计思维解决商业和社会问题的能力。系列教材的每一著作均会融入大量教学及产业服务设计实践案例，涵盖了健康、医疗、娱乐、旅游、餐饮、教育、交通、家居、金融、信息等各个领域，将理论方法与实践充分结合，为有意从事服务设计研究和实践的师生提供了很好的理论、方法和实践案例多方面的指导与参考。

服务设计既是新兴的第三产业设计实践活动，其决策的关键主题"节点、流程和体验结果之间的逻辑关系"又为我们在哲学层面理解广义造物活动提供了一个全新的视角。在尝试理解服务设计这一设计学新兴知识领域的同时，我们也应该意识到服务设计同样可以作为理解产品、空间和符号的特定视角。因此，我也希望丁熊和陈嘉嘉二位教授主编的"服务设计"系列教材不仅仅可以影响到关注服务设计的新兴设计力量，同时也能为尚未开设服务设计研究方向的院校师生提供一个其学科和职业发展的新的思路。

同济大学长聘特聘教授 / XXY Innovation 创始人
2022 年 7 月

前　言

《社会创新设计概论》一书从酝酿到完成,历经了整整四年,实际上,如果不是编辑的耐心与坚持,可能也难以完稿。2008年,笔者开始跟随曼奇尼教授从事社会创新设计的博士研究,但这仅仅是一个开始,哪怕完成博士学业,回到国内,在社会创新的实践一线及后来的教学科研领域工作多年,也很难说对社会创新设计有足够深入的理解,可以对学生进行足够系统的输出。

因此,尽管本书的定位是教材,但更多的内容是跨学科的、原创的,仅仅能代表笔者不成熟的思考与实践,其间的偏差、错误,都需要在与读者和同行的不断交流中,逐步得到修订、完善。

在本书的构思、写作过程当中,与同学们的交流起到了巨大的推动作用。过去多年的教学过程中,笔者看到了年轻学生的批判性思考能力、自主学习能力、理论联系实践的能力,他们对社会现象与社会问题的观察与思考都体现出了新一代青年的优秀品质。他们的反馈、问题,也在不断推动笔者进行更深入的反思与研究。教学相长,是作为教师与研究者的幸运。

《社会创新设计概论》可以作为社会创新设计的入门读物,但是这一本书却很难实现"社会创新设计"的完整教学目标。首先,社会创新设计是一个跨学科主题,其中会大量涉及社会学的基础理论知识,以及社会研究的方法与工具。如果要在这个领域深入拓展,需要有更专业的社会学课程作为基础。其次,社会创新设计是一种设计的理念,在设计实践中大量运用的工具与方法都源于服务设计和产品服务系统(PSS)设计。以设计来介入社会议题,和市场导向的设计并无差别,因此,它更适合在本科生高年级以及研究生阶段讲授。最后,设计本身在当下面临着转型的挑战。在开展前期社会研究时,是否设计仅能借用其他社会学科的方法与工具？能否有更能体现设计学科特点的设计导向的社会研究？在人工智能技术快速发展并普及运用之时，传统社会研究方法有无创新的空间？设计在此时能否快速实现与社会科学和新技术的融合？这些问题，还需要更多的教师、学生、研究者、实践者，通过更多的教学与设计实践来不断回答。

课程教学大纲

课 程 名 称：社会创新设计
英 文 名 称：Design for Social Innovation
授 课 对 象：本科生高年级 / 研究生一年级
学分 / 学时：6 学分 /96 学时
周　　　数：8 周 /16 周
课 程 性 质：专业限选课

一、课程简介

目前国内尚无院校开展完整的社会创新设计课程，本课程的内容结合了笔者在清华大学美术学院开设的可持续设计理论与实践、设计社会学，以及中央美术学院设计学院开设的社会设计概论等相关课程进行系统化组织而成。

社会创新设计的课程内容对于设计专业的学生而言具有一定的难度，主要原因是该课程涉及大量社会学的理论知识、研究方法等。但在设计学面临重大变革与转型之时，教师需突破传统学科限制，为求知欲旺盛的青年学生带来更多理论知识，以及可供操作的方法与工具指导。

课程思政要点：学习社会创新设计的过程，正是教师带领学生认识当下现实，理解社会问题的过程。由于我国的人文社会学科深受西方影响，在理解社会创新、社会创新设计、社会设计等舶来概念时，本身需具备较强的批判精神，理论结合现实，通过深入观察、理解社会问题，理解社会主义的内涵以及制度的优越性。

二、教学原则和要求

1. 引导学生理解社会的设计价值，树立正确的价值观；
2. 引导学生用批判的眼光观察社会、理解社会，培养学生批判性思考的能力；
3. 教授学生社会学的入门知识，掌握社会学研究的基础方法；

4. 训练学生以设计的专业视角介入社会问题，培养具有系统性精神的设计能力。

三、授课方式
1. 课堂讲授；
2. 实地调研；
3. 设计实践。

四、教学内容及学时安排
1. 设计史、设计的历史转型：8 学时；
2. 社会设计：24 学时（其中包括课堂讲授 20 学时，学生讨论 4 学时）；
3. 社会创新设计：32 学时（其中包括课堂讲授 24 学时，学生讨论 8 学时）；
4. 设计实践：32 学时（其中包括实地调研与讨论 8 学时，参与式工作坊 4 学时，分组作业与辅导 16 学时，作业最终成果汇报 4 学时）。

五、课程作业（课堂讨论、课外交流、作业等）
1. 阅读与提问：学生根据课堂学习的内容，阅读参考文献，从自己的角度提出问题，并参考文献、案例等进行回答，与其他同学及教师共同讨论。以 PPT 或者书面文字形式提交，并进行口头汇报，侧重提升自主思考能力，以及自我学习能力。
2. 社会创新设计项目实践：根据课程所界定的主题，开展文献研究与案例研究，在具备对问题的基本背景知识了解之后，在教师的协助下，进行实地调研，通过不同研究方法的组合（如访谈法 + 观察法，或观察法 + 问卷法等），掌握基本的社会研究方法与流程，提出设计问题。在教师的引导下，对设计问题进行针对性的文献、案例研究，有必要的话补充实地调研，并尝试组织参与式工作坊，学习社会创新设计的核心方法与工具，最终输出方案。

六、考核和评价方式（提供学时课程最终成绩的分数构成，体现形成性的评价过程）
五项评价指标占比均为 20%，合计 100%，可根据不同打分制进行总分核算。建议以结课作业和课堂作业进行综合评分。

（以单项10分,合计50分为例）	≥9分	8分	7分	6分	≤6分
具备明确的社会问题意识	高	较高	一般	较低	低
掌握社会研究的基本方法与工具	高	较高	一般	较低	低
掌握社会设计与社会创新设计的理念与方法	高	较高	一般	较低	低
掌握设计研究的基本方法与工具（如文献研究法、案例研究法、参与式设计方法等）	高	较高	一般	较低	低
视觉表达与口头陈述	高	较高	一般	较低	低

七、教材与教学参考资料

1. 埃佐·曼奇尼. 设计，在人人设计的时代 [M]. 钟芳，马谨，译. 北京：电子工业出版社，2016.

2. 钟芳，刘新：为人民、与人民、由人民的设计：社会创新设计的路径、挑战与机遇 [J]. 装饰，2018（05）：40-45.

3. Meroni A（ed）. Creative communities. People inventing sustainable ways of living.[M]. Edizione POLI.Design，2007.

4. Manzini E, Jégou F. Collaborative services. Social innovation and design for sustainability[M]. Edizione POLI.Design，2008.

5. 刘新，张军，钟芳. 可持续设计 [M]. 北京：清华大学出版社，2022.

目 录

总　序
前　言
课程教学大纲

第一章　设计，从商业走向社会 001

第一节　从工艺到设计 002
第二节　设计师：从服务权贵到服务市场 004
第三节　帕帕奈克：社会设计的先行者 006
第四节　IDEO：社会设计与设计思维 008

第二章　社会设计 011

第一节　为解决社会问题而设计 012
　一、为金字塔底层的设计 012
　二、社会影响力设计：为社会问题发声 014
　三、社会问题 016
　四、社会设计的可能路径 018
第二节　为社会整合而设计 023
　一、社会是什么？ 023
　二、从传统社会到现代社会 025
　三、为社会互动而设计 027
　四、为社会认同而设计 033
第三节　为公共物品而设计 036

第三章　社会创新与社会创新设计⋯⋯⋯⋯⋯⋯⋯⋯⋯⋯⋯⋯⋯⋯ 041

第一节　西方语境下的社会创新⋯⋯⋯⋯⋯⋯⋯⋯⋯⋯⋯⋯⋯⋯ 042
　　一、市场至上的新自由主义⋯⋯⋯⋯⋯⋯⋯⋯⋯⋯⋯⋯⋯⋯ 044
　　二、全民福利的社会民主主义⋯⋯⋯⋯⋯⋯⋯⋯⋯⋯⋯⋯⋯ 044
　　三、第三条道路与社会创新⋯⋯⋯⋯⋯⋯⋯⋯⋯⋯⋯⋯⋯⋯ 045
　　四、社会创新与社会治理创新⋯⋯⋯⋯⋯⋯⋯⋯⋯⋯⋯⋯⋯ 050
第二节　社会创新设计⋯⋯⋯⋯⋯⋯⋯⋯⋯⋯⋯⋯⋯⋯⋯⋯⋯ 052
　　一、设计师行动者：当代欧洲设计思想转型的推动者⋯⋯⋯⋯ 053
　　二、设计如何社会创新⋯⋯⋯⋯⋯⋯⋯⋯⋯⋯⋯⋯⋯⋯⋯⋯ 057
　　三、社会创新与可持续设计网络（DESIS network）⋯⋯⋯⋯ 064

第四章　社区设计⋯⋯⋯⋯⋯⋯⋯⋯⋯⋯⋯⋯⋯⋯⋯⋯⋯⋯⋯⋯ 067

第一节　社会治理与社区治理⋯⋯⋯⋯⋯⋯⋯⋯⋯⋯⋯⋯⋯⋯⋯ 069
第二节　从"单位人"到"社区人"⋯⋯⋯⋯⋯⋯⋯⋯⋯⋯⋯⋯ 071
第三节　芝加哥学派与城市社会学⋯⋯⋯⋯⋯⋯⋯⋯⋯⋯⋯⋯⋯ 073
第四节　社区研究⋯⋯⋯⋯⋯⋯⋯⋯⋯⋯⋯⋯⋯⋯⋯⋯⋯⋯⋯ 074
　　一、描绘社区⋯⋯⋯⋯⋯⋯⋯⋯⋯⋯⋯⋯⋯⋯⋯⋯⋯⋯⋯ 074
　　二、认识社区⋯⋯⋯⋯⋯⋯⋯⋯⋯⋯⋯⋯⋯⋯⋯⋯⋯⋯⋯ 077
　　三、发现问题⋯⋯⋯⋯⋯⋯⋯⋯⋯⋯⋯⋯⋯⋯⋯⋯⋯⋯⋯ 080
　　四、方案输出⋯⋯⋯⋯⋯⋯⋯⋯⋯⋯⋯⋯⋯⋯⋯⋯⋯⋯⋯ 080

第五章　参与式设计⋯⋯⋯⋯⋯⋯⋯⋯⋯⋯⋯⋯⋯⋯⋯⋯⋯⋯⋯ 087
第一节　历史⋯⋯⋯⋯⋯⋯⋯⋯⋯⋯⋯⋯⋯⋯⋯⋯⋯⋯⋯⋯⋯ 088
第二节　不同形式的公众参与⋯⋯⋯⋯⋯⋯⋯⋯⋯⋯⋯⋯⋯⋯⋯ 089
第三节　参与式设计面临的挑战与工具方法⋯⋯⋯⋯⋯⋯⋯⋯⋯ 096

参考文献⋯⋯⋯⋯⋯⋯⋯⋯⋯⋯⋯⋯⋯⋯⋯⋯⋯⋯⋯⋯⋯⋯⋯ 104
后　　记⋯⋯⋯⋯⋯⋯⋯⋯⋯⋯⋯⋯⋯⋯⋯⋯⋯⋯⋯⋯⋯⋯⋯ 107

[第一章]

设计,从商业走向社会

第一节 从工艺到设计

《设计的故事》这本书对设计作过一个定义，即从人类最早的起源开始，把原料加工成实用品的过程是设计，设计是一种解决问题的方法。这个观点沿用了赫伯特·西蒙在《人造物的科学》里面对设计的定义：设计是用来解决问题的方法和过程，以及最后的结果。赫伯特·西蒙是20世纪的传奇人物，他是计算机科学家、心理学家，美国国家科学院院士、中国科学院外籍院士，生前是卡内基梅隆大学计算机系和心理系教授。他主要从事计算机科学与心理学结合方面的研究。1978年因为"有限理性说"和"决策理论"获得诺贝尔经济学奖。他是横跨多个学科的天才型人物，为计算机模拟人的思维活动提供了帮助；对经济组织内的决策程序进行了开创性研究，建立起决策理论。中国科学院评价，赫伯特·亚历山大·西蒙是认知科学与人工智能的创始人之一，在计算机科学与心理学的结合方面作出了卓越的贡献，他是"人工智能之父"。

《人造物的科学》一书对工程与设计领域都产生了极大的影响，解决问题被视为设计的核心目标。但我们同时应该注意到，有很多设计不一定是直接地去解决问题，它会略微地更接近于我们所说的艺术创造活动。人作为社会性动物，对美的追求同样发自本能，壁画、装饰等无法提供实用价值的东西普遍、广泛地存在于人类社会中。这类活动也是现代设计中极为重要的一个部分。

解决问题的能力在人类起源时就已经存在了。回顾到将近20万年前，所谓的现代智人，从原始人类祖先慢慢地独立出来之后，就已经开始在解决问题了。原始人需要喝水，需要取暖，在夜晚的时候需要防避其他野兽的攻击，所以需要住处，需要从这个地方走到那个地方去，所以会要有移动或者说交通。人类从解决问题出发，去从大自然里寻求一些材料，将这些材料变成工具，这些工具或物品其实就是设计物。今天在世界各大博物馆里面，都能看到人类的祖先是如何解决基本生存问题的。无论在希腊，在埃及，还是在中国，人类的祖先创造的工具与物品有很多相似之处。而当时，人类的信息交流与经验分享，远不如今天这样发达。人类在不同的地方，从相似的基本需求出发，从自然界中相似的原材料出发，获得了相似的解决方案，尽管其美学风格可能截然不同。

但设计有别于发明，尽管在《设计的故事》一书中，作者认为设计其实就是发明，或者说是发明本身就是一种设计活动，但是除了发明之外，设计仍然有很多其他类型的工作。从历史维度来看，人们的基本生活用品在原型出现之后，往往需要经过极其漫长的时间，才会出现颠覆性的改变——二次发明。如杯子、碗、凳子、桌子、卧榻，这些用来解决日常生活里面的实际问题所创造出来的工具，在不同时代不同区域，都有着本质上的相似性。而形式上的差异，即"风格"，才与更具体的社会与时代背景相关联。历史上这些原型的发明者可能不是一个人，而是一群人，甚至几代人；而有些物品，即便由某个个人所创造，但也往往籍籍无名。但这并不妨碍一代又一代设计师们的工作。发明当然是一种设计行为，但是设计又大于发明行为。

在最初的阶段，人们的设计与制作是一体的，即制作者从自身或他人的经验中掌握了应当如何制作的方法，包括使用何种材料，采用何种造型，通过何种工艺等，最终完成了从构思到成型的全部流程。在社会生产力发展之后，人类社会出现了社会分工，大量"职业"开始出现，掌握某种专有技能的人成为"匠人"，从事制陶、染织、木工等行业，为其他人提供由他们构思、改进、制造的产品。但这并不是说，仅仅只有匠人才有构思与创造的能力。在传统社会中，大量的技艺仍然分散在千家万户中，如纺纱织布，在东西方都长期是家庭妇女承担的工作。在《红楼梦》中，甚至贵族家庭中的女性，也将"女红"视为值得通晓的技艺。今天，即便餐饮服务业与食品加工业高度发达，但在中国的普通家庭中，仍然保留着各种独门烹饪绝技。

在制造业的复杂度不断增加之后，构思与制造的职能也在发生分化。今天英文中的"Design"（设计）一词的源头为拉丁语的"Designare"（画图），最能解释"画图"与"设计"的关系的事件，是15世纪布鲁内列斯基为佛罗伦萨圣母百花大教堂设计并建造的圆顶。这座教堂于1296年奠基，立志成为基督世界最大的教堂，其中厅宽度为43米，如果在中厅上方建起一个穹顶，其跨度将超过罗马万神庙，成为人类历史上的又一个里程碑，并成为一个超越宗教与工程的人类奇迹。但整整百年，佛罗伦萨没有一人能撑起如此宏伟的愿景。1366年，建筑师聂里借鉴了伊斯兰教建筑的思路，提出了"内外壳"的设计，并制作出模型。但聂里仍然无法解决如何建造的工程难题，直至1418年，布鲁内列斯基提出了一系列设想，发明了专为建造穹顶使用的各种设施与工具，最终实现了聂里的构思。历时16年的施工，1436年，穹顶建成；1446年，穹顶之上的采光亭落成，圣母百花大教堂历经两百余年最终建成。由于建造的工程极其复杂，参与的工人人数众多，并且历时漫长，布鲁内列斯基必须通过图纸将自己的思路与他人分享，指导他人按照他的设想进行施工，如此，"画图"就不仅仅是"画图",而是"设计"。布鲁内列斯基不直接参与制作,他既是工程师,通过计算来解决工程难题;同时也是设计师,通过图纸与他人进行协作。服务制造业的大规模分工与协作,是现代设计与传统手工艺的根本差异。

产品领域内的职业设计师的出现,很多人认为是出现于工业革命之后,因工业生产的规模快速扩大,设计师才成为独立的职业。但我国有学者认为,在明代晚期,在缂丝这样的高度复杂的手工行业中,为了方便多个匠人的分工与合作,已经出现了专门创造图案,通过图纸来协调匠人纺织的设计师。

第二节 设计师:从服务权贵到服务市场

在第一次工业革命之后,蒸汽替代了人力、畜力、简单的机械力,成为全新动力,煤炭的出现导致蒸汽机的出现,进而获得了比人力要大得多的动力,有了更高的生产效率。匠人同时去构思并制作产品就不再适合工业时代的生产模式了,越来越多的制造业开始出现专职设计师,他们不直接从事制造工作,专注于设计,在设计完成之后,由制造商和工人们一起完成整个制造流程。这个时期的设计师,大多数始终依附于制造商,为特定的雇主服务,作为价值链条上的一环,他们也很少拥有自己的姓名。

工业革命时代是一个转变的时代。在此之前,顶级工匠或者像布鲁内列斯基那样伟大的、名副其实的设计师,他们的服务对象更加稀少,即一个社会中金字塔最顶尖的那个阶层:世俗或宗教的统治者。

以另一个建筑史上的杰作为例,位于梵蒂冈的圣彼得大教堂,是文艺复兴时期最后的一位教皇尤利乌斯二世发起建造的,最终完成教堂建设的是利奥十世。利奥十世来自一个很有名的家庭,佛罗伦萨的美第奇家族。圣彼得大教堂的建造历经100多年,从1506年动工,到1626年主体工程完工。其间经历了4任主持建筑师,这4任设计师里面包括了文艺复兴三杰里的两位,即米开朗琪罗和拉斐尔。大量的画家、雕塑家在这里留下作品。不论是圣母百花大教堂,还是圣彼得大教堂,这些巨型工程的建造的背后是巨量的财富支持,而这些财富来自于通过东西方贸易获得巨大财富的亚平宁半岛上的各大家族。文艺复兴结束之后,天主教则通过什一税来获得源源不断的财富,即每个天主教徒都需要把这个月收入的1/10捐献给教堂,来表达对于信仰的虔诚。到利奥十世时代,教廷的什一税都已经没有办法覆盖建造圣彼得大教堂的成本,所以利奥十世发起十字军东征并发行赎罪券,也就是说除了要交税,信徒还可以考虑为今生或者来世的来世的罪恶赎罪,花钱向神去赎买。发行赎罪券用以敛财直接致使马丁·路德的宗教革命,他在维滕贝格诸圣堂大门上张贴《九十五条论纲》,由此揭开了西方宗教改革的序幕。伟大的工程、伟大的设计,来自于人类历史上的天才人物,但其背后,是至高权力带来的无限财富。从埃及金字塔到卢浮宫,莫不如是。

工业革命之后,资产阶级兴起,这个阶级在最初阶段缺乏政治与宗教权力,但一方面,财富的积累使得这个群体开始从模仿顶层审美,到追求新的审美;另一方面,从事制造业的资产阶级开始借助自己的产品来影响更大层面的社会大众。同时,两次工业革命推动了印刷技术的飞速发展,各类出版物的数量级激增,知识分子开始获得了另一种影响社会的渠道。作为一种职业的设计师开始留下自己的名字。

从19世纪下半叶的工艺美术运动,到紧随其后的新艺术运动以及装饰艺术运动,设计师开始影响大众生活。如威廉·莫里斯的书籍设计,利伯缇公司的家具与纺织品设计等,其产品因大规模批量化生产而大幅度降低成本,得以进入市民阶层的日常生活,而不再仅限于贵族的私人定制。当时的设计师也开始展现出强烈的平民主义倾向,如威廉·莫里斯反复强调两个原则:其一,设计是为千千万万的人服务,而不是为少数人服务的活动;其二,设计是一种集体工作,而非个体劳动。之后,在比利时的新艺术运动中,设计师们提出了"人民的艺术"的口号,展现出强烈的设计民主思想。但是,尽管设计师们展现出民主主义思想,但设计行业最矛盾的本质也开始显现。即便处于当时人类社会生产力与物质生活的最顶端,英国能够消费设计产品的群体也仍然属于少数,通过漫长艰苦的斗争而获得六便士一小时薪水的产业工人,很难成为精美的图书和利伯缇棉布的消费者。尽管倡导为人民而设计,但哪怕设计师不求任何回报,也难以将制造产品的工人纳入其中,而一旦凝结了复杂的社会劳动,设计师们的产品所包含的价值,就往往会超出"人民"的支付能力。

现代设计伴随着现代制造业的发展而走向成熟,使得设计师们既可以获得前所未有的独立性,但也失去了直接影响市场的可能性。在工艺美术运动期间,包括莫里斯在内的设计师们就纷纷成立了自己的事务所,如此可以服务于不同的企业和雇主,可以跨越出版、纺织、家具、建筑等不同行业。能实现这个目标的前提,是有来自不同行业的企业与雇主,愿意为设计支付成本,并通过大规模制造产品来获得更大的收益。设计师们为人民服务的意愿，哪怕是免费提供设计也很难得到实现，仅仅启动"印刷"这一动作就涉及大量的人、设备、原料、空间等，这些都超出了设计师这一角色的能力。因此，即便是成本相对较低的印刷品，也并非人人可得。而后来发展出的人人可得的免费产品，其性质往往属于广告，由广告主支付成本费用。

　　更重要的是，现代设计天然地带有西方视角。毕竟，其起源于工业革命国家，成熟于高度的工业化时代，其受众是最先进入工业化阶段的国家中的"有购买力"的群体，往往是这些国家中的中产阶级群体。这一视角的打破，需要等到20世纪下半叶的帕帕奈克。

第三节　帕帕奈克：社会设计的先行者

　　第二次世界大战之后，在设计专业内外都出现了对消费主义设计的批判与反思。纽约现代艺术馆工业部的主任考夫曼对此有过深入抨击，并发起"评价家具设计国际竞赛"，倡导以"好设计"为目标的设计改革运动。1957年，美国记者万斯·帕卡德连续出版了《隐藏的说服者》和《浪费制造者》这两本畅销书，揭露广告业的舞弊行为，以及制造业繁荣背后的环境与经济代价。

　　和罗维、德雷福斯这些享有盛誉的设计师不同，帕帕奈克并非以其设计作品而为人所知。他在少年时期从奥地利移民至美国，但在完成学业之后，长期居住在北欧，并且有很长的一段经历是生活在拉美、非洲、亚洲的非工业化国家中。

　　帕帕奈克反对基于设计师"自我表达"的、以艺术性为特征的设计，认为这类设计无法为使用者提供良好的使用功能，更像是一种"艺术游戏"，与大众毫无关联。与此同时，真正值得设计师们关心的"需要"却无人问津，如为教育设施进行设计，为医疗诊断进行设计，为特殊群体，包括残疾人和社会底层的教育而进行设计等。帕帕奈克甚至提出了"自留什一税"的操作方式，即设计师们拿出1/10的工作时间，不计报酬地为人类的需要而设计。

　　帕帕奈克也亲身践行这种非商业性质的设计。在发达的北欧国家瑞典，帕帕奈克发现这里即便经济发达、福利完善，但是对病人的关怀却远远不够，因此他大力推动无障碍设计，设计可供老人、病人自由通行的养老院；与沃尔沃合作，设计可供残疾人使用的车辆。如果说，社会结构是一个金字塔形的，那么，在发达的高福利国家中，病人、残疾人、老人等，就属于被人忽视的"金字塔底层"。而如果将整个人类社会视作一个大的整体的话，同样也存在一个金字塔结构，即发达国家处于金字塔的顶层，不发达国家的精英群体又远高于贫苦大众。在20世纪60年代，这种"冰山"结构往往被人忽视，毕竟获得商业成功的明星设计师们，更多面对的是可以为企业带来丰厚利润的市场需求，海平面之下的巨大群体，如果没有购买力，就不存在需求。

帕帕奈克则践行了另一条道路。他的足迹远远超出了发达国家的界限。在印尼，他设计了锡罐收音机，锡罐来自于用过的罐头容器，采用石蜡和灯芯作为能源，整个装置不超过9美分（1966年的美元汇率）就能实现收音机的效果。作为一个出生并成长于发达国家的设计师，在第三世界的生活经历使他对西方国家普通人以消费和浪费为基础的生活方式提出质疑，同时，从设计师解决问题的本能出发，从最低成本的限制条件出发，做出能够改善当地人生活条件的可用的产品。这一思路，也是后来的设计师在为"金字塔底层"进行设计时所采用的基本策略。

帕帕奈克认为，为环境可持续而做设计，也是设计师应该承担的责任之一。过往的设计因其基础为市场与消费，制造了大量的浪费，尤其是有计划的废止制度，是设计师与制造商的合谋，其目的就是加快产品的淘汰与更新，推动新产品的销售，这个过程中，带来了对资源的无限度消耗以及不计后果的污染。《为真实的世界设计》的初版内容成形于20世纪60年代，这正是西方国家声势浩大的环保主义运动兴起的阶段。1961年，蕾切尔·卡逊出版了《寂静的春天》一书，正式揭开了环保运动的帷幕。之后，美国兴起了民权运动、女性主义运动等，欧洲则于1968年出现了席卷全欧的学生运动，西方社会发生了根本性的社会变革。帕帕奈克的观点也正是其作为设计师对环境问题的思考。更难能可贵的是，在探讨环境问题时，他对第三世界国家的境遇展现出深刻的理解，与主流的西方精英指责第三世界国家高生育率才导致各种社会经济问题的观点不同，他认为高生育率正是经济落后的结果，人们在高死亡率的情况下为自我延续不得不选择这一生育策略。

帕帕奈克的观点在工业化国家引起很大反响。之后，生态设计、绿色设计的理念与方法开始在设计领域深入人心。1993年，怀特利出版了《为社会而设计》一书，更是深入而系统地诠释了设计为大众服务的理念。如今，社会设计已经成为广受设计师认可的一种理念，它运用设计方法来解决复杂的人类问题，将社会问题放在首位。社会设计挑战传统设计实践中纯粹的市场导向，在商业价值之外，"社会价值"被视为设计这一实践行为应当具备的基本特征,对弱势边缘群体的关注往往被视为社会设计的出发点,通过设计为这一群体解决日常生活中的基本需求,改善其生活质量,提高其福祉,是社会设计的基本原则。

第四节　IDEO：社会设计与设计思维

在进入21世纪之后,设计思维经由斯坦福D·School以及IDEO等机构的推广而广为人知,尤其是IDEO将社会设计视为其企业社会责任的一部分,通过大量的案例分享,一方面在商业领域中推广其设计思维,另一方面则通过直接的社会设计实践来验证设计思维的有效性,产生了巨大的影响力。

IDEO是当下全球最有影响力的设计公司之一。它坐落于硅谷,最早因为苹果公司设计鼠标而名声大噪。初期,它属于主流的工业设计公司,以提供创新的产品设计和工业设计为主。之后,由于大力推广"设计思维"的工具和方法而极大地拓展了设计的边界,设计咨询成为其重要服务内容。2010年,IDEO首席执行官蒂姆·布劳恩在《社会创新中的设计思维》一文中,列举了IDEO进行的大量成功设计案例。如为非洲地区设计的廉价易用的取水装置、减少疟疾发生的免费蚊帐,为越南等地营养不良的儿童提供营养全面的食物……这些成功的产品和解决方案,均通过"设计思维"的过程得以实现。作为IDEO研发并不断迭代的设计方法论和工具,设计思维最初仅运用于商业机构的产品开发,但当这套方法运用于公共事务,以及极端条件下解决方案的提供时,同样具备空前的创造力。由于这套方法论的巨大成功,IDEO公司专门成立了非营利的IDEO.org,以"为影响力设计"为宗旨,专注于为不发达地区、弱势群体提供设计解决方案,是作为商业机构的IDEO公司中极具特色的部门。

目前,世界各地的设计院校中,已经出现了若干具有代表性的"社会设计"学位项目或专业课程,例如:

柯里·斯通设计奖(Curry Stone Design Prize),设立于2008年,是一个专注于社会领域设计创新的奖项。

马里兰艺术学院(MICA)的社会设计中心,成立于2011年,是美国最早的社会设计研究生学位项目之一。该中心致力于展示设计在解决复杂社会问题方面的价值,并培养下一代创造性的变革者。

印度德里安贝德卡大学设计学院开设了社会设计专业硕士学位课程。该专业始于 2013 年，经历了多次迭代。该课程的核心理念是使设计更具包容性，无论是在创作层面还是在用户层面。

在西班牙，Diseño Social EN+ 致力于整合关注社会问题的设计师和非政府组织，帮助他们提高传播质量。该项目于 2011 年启动。

在中国，中央美术学院设计学院开设了社会设计专业方向，侧重从社区入手，带领设计专业学生进入社区，发现社会问题，并通过设计的方式提出解决方案。

[第二章]

社会设计

当设计介入社会议题之时，社会设计和社会创新设计时常被同时提起，在很多时候甚至被混用，在设计研究领域，关于两者之间关系的讨论亦层出不穷。如果用简单的话语来概括两者的差异，可以认为通常情况下，"社会设计"侧重于设计活动的目标和价值取向：为了解决社会问题，创造社会价值而进行的设计，侧重在对象"是什么"（What）。而"社会创新设计"更强调解决社会问题的方法：通过设计来实现社会创新，并且以社会创新的方法来解决社会问题，侧重在过程和方法，即"怎么做"（How）。

然而，在社会设计的领域中，有很多设计行为并不一定直接面向问题的解决，但是可以创造更多的社会价值。因此，在社会设计部分，本书认为有三种不同的类型：为解决社会问题的设计、为社会整合的设计、为公共物品的设计。社会设计的内涵大于为解决社会问题的设计。尽管社会整合以及提供更好的公共物品有助于社会问题的解决，同时社会整合往往就是社会创新的基础，但设计的直接目标并不完全相同。

第一节 为解决社会问题而设计

一、为金字塔底层的设计

无论是帕帕奈克还是怀特利，除了对环境问题的关注这一共同点之外，两人均认为"为弱势群体的设计"，即"为金字塔底层的设计"，是具有社会意义，并且能体现社会责任的设计。这一观点需放入"自由主义"与"新自由主义"所塑造的价值观背景下来理解。从价值观的角度来看，自由主义倡导的是个人主义的价值观，个人是自由的目的而非手段，个人自由具有最高的价值。这种价值观在英美新自由主义背景下，与社会达尔文主义紧密结合，其结果是大众对社会分层的坦然接受。而包括帕帕奈克在内的一些知识分子、设计师本能地从人道主义的角度来面对这一问题，此时"为金字塔底层的设计"就成为一个新的议题。

"为金字塔底层的设计"往往关注基本的生存需求，如食物、水、能源、卫生、交通等，按马斯洛的需求层次理论，这些是人类赖以生存的基本条件，与传统主流设计服务于"有购买力的"中产阶级或上层阶级的设计对象截然不同。近年来，包括红点奖、IF设计奖等重要国际性设计竞赛，也都将"社会设计"或"社会责任感设计"纳入评选范畴之中。

"为金字塔底层的设计"有几个基本特征：

①设计背景：往往是不发达国家或地区，尤其是贫困地区。

②设计的服务对象：往往是社会结构金字塔的最底层，如贫困群体、残障人士、流浪者等。

③设计目标：往往是解决金字塔底层群体的基本生存需求，包括食物、饮水、能源、交通等，有时也会涉及医疗、教育等基本公共服务。

④设计主体：往往由设计师个体，或设计师与慈善组织，或社会企业发起。

"为金字塔底层的设计"往往面临着可持续运营与规模化的巨大挑战。本章将介绍几个具有代表性的案例。

案例一：《大问题》杂志与社会企业

1991年，社会企业家约翰·伯德和美体小铺（The Body Shop）创始人之一戈登·罗迪克联合创立《大问题》杂志，这是一本关于娱乐奖项和当前时事消息的杂志，由专业的记者采编，再由无家可归的人在街头售卖，为无家可归者提供一条合法的谋生之路。这些无家可归者以每本1.25英镑的进价购入杂志，再以2.5英镑的价格售出，所获得的利润自己保留。通过这种方式，流浪者可以获得一些经济来源，同时，因为参与到售卖活动当中，可以与路人、杂志社建立起社会联系。

《大问题》杂志社被视为社会企业。与常规的以营利为目标的企业不同，社会企业往往不以营利为目标，其收益通常用以企业的运营成本，其目标是通过商业行为，如杂志的出版与售卖，来解决社会问题。社会企业在各个国家有着不同的性质定义和管理规范。

案例二：LifeStraw净水器

在非洲地区至今尚未大规模建立起饮用水基础设施，据联合国卫生组织统计，直至2015年，尚有8.55亿人缺乏干净的饮用水，这些人大部分位于非洲。LifeStraw是一种便携式的净水器，由Vestergaard Frandsen公司开发，可过滤99.9999%的水生细菌，定价25美元，单人可以使用一年，过滤750升水，中途不需要替换配件。产品由厂家销售给非洲本地的NGO，NGO通过募捐筹集资金，补贴购买者，最终用户只需要10美元就能购买。目前，该公司为某慈善组织提供了6万只个人净水器,为刚果民主共和国的482个诊所提供净水器,为尼日尔共和国的5000居民提供净水等。

"为金字塔底层的设计"是设计师、社会企业家为解决社会问题、承担社会责任的全新尝试,尽管其往往发自良好的初衷,但不可否认,在获得各种正面社会评价的同时,"为金字塔底层的设计"未能解决真正的社会问题。如伦敦的无家可归者的问题,根据英国住房社区与地方政府部在2018年的统计,包括伦敦在内的英格兰地区的无家可归者在2017年比2010年激增了170%。媒体乃至社会企业本身在正面报道这类案例的时候,往往难以拿出明确的数据,表明该方案有效地改善了问题,哪怕针对特定个体而言。除了防止无家可归者的数量增加,对现有的无家可归者,更重要的是通过技能培训、社会融入等方式,使其逐步自食其力、回归社会。发达国家中的"弱势群体"的系统性困境,往往成为包括设计师在内的精英避而不谈的问题,在这种情况下,表面性的努力甚至可以被视为是自我感动。

案例二同样面临难以克服的巨大障碍。精心设计的高成本产品,即便通过慈善补贴的形式进行销售,也难以成为可大规模普及的产品。联合国预计,到2030年将有多达7亿人因缺水而流离失所。在这样的绝对数量之下,几千几万只饮水器堪称杯水车薪。更重要的是,净水器的使用以水源为前提,但非洲旱季的地表水源的匮乏,使得净水器全无用武之地。建设水利设施、保护水源、铺设管道,这些复杂、艰巨、庞大的基础设施建设,才是解决金字塔底层基本需求的根本性办法。在尚不具备条件进行大规模的基础设施建设之时,设计师从当下的条件出发,有限度地改善底层民众的生活条件,也可以作为一时的权宜之计,但必须对这种性质的社会设计的局限性有所认知。

二、社会影响力设计:为社会问题发声

社会影响力设计(Design for Social Impact),在英文文献中有多种定义,与"社会设计""社会创新设计"等概念经常混用。在本章中,对社会影响力设计的定义是:针对某一特定社会问题,用特定的设计作品,如装置,或设计行动,对问题表达态度,以获得社会舆论对该社会问题更广泛的关注,并最终推动问题的解决。从这一术语来看,"影响力"是这类设计行为和设计项目的主要目标。因此,社会传播是其中重要的环节,通过当下无所不在的媒体的介入,通过有视觉冲击力和参与性的装置吸引民众的关注和参与,以表达设计师的

观点,在普通民众当中获得支持与共识。

社会影响力设计与当下新兴的众多设计流派有着密切的关系,如批判设计(Critical Design),推想设计(Speculative Design),设计行动主义(Design Activism)等。其相似之处在于,主题都关注社会性议题,如环境污染、社会区隔、移民、技术对人类的异化、性别等;设计的目标在于表达设计师对此类议题的观点,而非提出解决的方案;设计的成果往往以装置的形式呈现,而非可供批量化复制的产品或服务;设计的衡量标准往往是传播度和关注度。与"为金字塔底层的设计"相比,社会影响力设计更关注观念的表达,而"为金字塔底层的设计"往往会给出某个具体问题的具体解决方案,无论方案本身能否真正解决问题。

案例:边境跷跷板

美国和墨西哥边境的移民问题对美国社会有着长期而复杂的影响。来自加州大学伯克利分校建筑学教授罗纳德·雷尔和圣何塞州立大学设计副教授弗吉尼亚·圣弗拉特洛共同完成这一设计装置。在美国推动在美墨边境竖立边境墙之后,两位设计师在位于墨西哥华雷斯城的阿纳普拉区的边境墙上安装了三个粉色的跷跷板,希望以一种"非常坦诚而不失幽默"的方式来谈论边界问题。来自边境两侧的儿童和成年人纷纷参与其中,尽管它们只存在了20分钟就被警察拆除,然而人们玩耍跷跷板的视频还是在网上疯传(图2-1)。

边境跷跷板赢得了伦敦设计博物馆2020比兹利年度最佳设计奖。

图2-1
边境跷跷板

伦敦设计博物馆的首席执行官和馆长蒂姆·马洛评价道:"摇摇晃晃的墙鼓励了人类建立联系的新方式。它是一部富有创造性的作品,并将一直扮演提醒者的角色,提醒我们:人类可以怎样超越那些分裂我们的力量。"

在这里不得不提到社会问题这一核心概念。

三、社会问题

美国著名的民意调查公司盖洛普分别在 1935 年和 2012 年在全美进行了一次大规模调研,目的是调研普通民众认为什么是最重要的社会问题。调研结果显示,经济问题始终都是民众认为的首要社会问题。贫富差距问题在 1935 年和 2012 年都被提及。一些问题有着明显的时代特征,例如 1935 年的禁酒问题,2012 年的移民问题。从历史的角度来看,美国社会中大众关注的社会问题,既有不变的根本性问题,如经济增长与财富分配,也有不同时代的特殊问题。如果对不同国家的民众进行相似的调研,也可以看到类似的相同与不同。例如,童婚与童工的现象,在不同的时代,同一个社会会有不同的认定标准;而在相同的时代,不同的社会也会有不同的标准。人类社会的发展既有相似的规律,但却很难说会以相同的速度和频率进行(图 2-2)。

严重的社会问题(1935年与2012年)	
1935年	2012年
失业和经济不景气	经济
低效的政府	失业
战争伤亡	对政府不满
高税收	联邦预算赤字/联邦债务
政府过度介入	医疗质量和成本
劳动冲突	移民
农场条件差	缺钱
老年人养老金不足	教育
财富高度集中	道德伦理衰落
饮酒	贫富差距

图 2-2
美国不同年代的主要社会问题
(资料来源:约翰·J·麦休尼斯. 社会问题(第 5 版)[M]. 向德平,等,译. 北京:中国人民大学出版社,2022. 作者重绘)

[第二章] 社会设计

　　社会问题有主观性和客观性两个不同维度。在社会学研究中，往往采用主观与客观两个维度进行交叉，只有在客观上造成了严重危害，同时又被社会大众在主观上认为是严重的问题，该问题才会被研究者和政策制定者定义为社会问题，如烈性犯罪问题。在客观上造成了严重危害，但主观上不被大众视为严重问题时，该问题就被视为较为中性的客观存在，如因使用汽车造成的车祸伤亡，人们往往将其视为意外事故，除了常规的民事及刑事法律流程、保险等金融流程外，无需有任何根本性的变化。

　　某些事件，可能不一定造成严重的危害，但却在社会上造成了巨大的影响。例如每年在美国因为校园枪击而死亡的人数，实际上远远低于交通事故的死亡人数，但是在美国不分党派、不分种族、不分宗教的民众都认为这是一个社会问题，希望这个问题得到解决。但实际上，当下尚未看到法律或政策上的改变。而某些问题，既没有在客观上造成巨大的危害，主观上大众也不认为其是严重问题，那么，这就不是社会问题，如青少年使用电子设备（图2-3）。

　　社会问题主观和客观的双重性，可以帮助我们理解"社会影响力"的价值。某些人因为某些原因，认为某个特定的问题需要被关注到。通过大众媒体等多种方式，影响普通民众的观点，改变对这一问题的性质认定，那么，这个问题就有可能从一般问题，转变为社会问题，

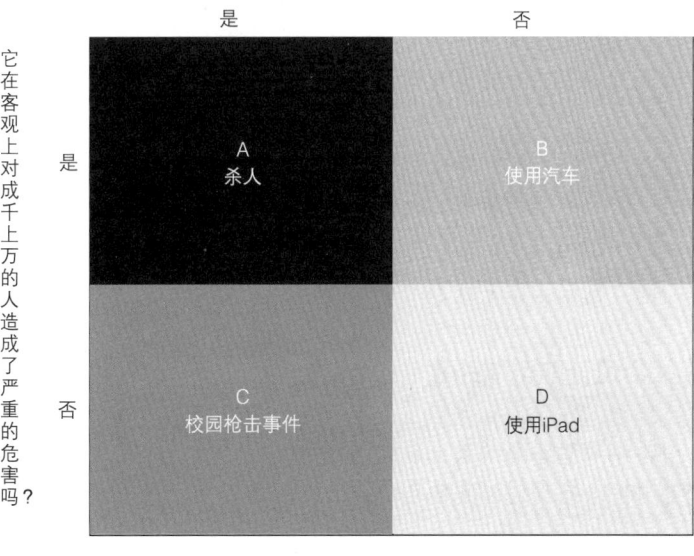

图 2-3
社会问题的评定标准
（图片来源：约翰·J·麦休尼斯.社会问题（第5版）[M].向德平，等，译.北京：中国人民大学出版社，2022.作者重绘）

进而改变政策，推动社会变革。例如，早年的汽车并不配备安全带，车祸伤亡被消费者视为具有一定概率的客观风险。20世纪50年代初，美国的C·亨特·谢尔登博士在统计了大量头部受伤的急诊病例后，发现安全带与绝大多数头部受伤致死病例有着很高相关性。1965年，美国汽车工程师协会（SAE）首次将安全带纳入安全规范当中。1967年，在美国的一次交通安全大会上，瑞典汽车制造商沃尔沃总结多年来的统计数据，发布了影响安全带历史的一份报告《28000起事故报告》。同年，美国汽车安全技术法规（FMVSS）将安全带列为"机动车强制安装配置"。我国公安部于1992年11月15日发布《关于驾驶和乘坐小型客车必须使用安全带的通知》，规定从1993年7月1日起，所有小客车（包括轿车、吉普车、面包车、微型车）驾驶人和前排座乘车人必须使用安全带。一个问题，从最初的性质逐步发生变化，中间有着多个可能的契机，但改变问题的前提，是社会公众对问题的认知、讨论，最终形成有较大群众基础的社会共识，才能推动问题寻求解决方案。

回到"边境跷跷板"的案例。移民问题，或者说非法移民问题，在美国受到党派政治的强烈影响。保守主义的共和党反对非法移民以及文化多元化，而自由主义的民主党大力接纳移民，无论是否合法。社会公众对此问题的认知，与其所认可的党派有直接关系。甚至这一问题长期处于社会舆论的焦点，只是不同党派之间难以达成共识。从设计师的角度来看，他的作品也带有明显的目标诉求，很难评估在当下的美国，是否能够促进共识的达成。其获得设计专业内的奖项，可能更多地来自于对这一设计创意运用于社会问题的大胆尝试。

与"边境跷跷板"相似，但却产生了不同结果的案例，是2015年影响德国难民政策的一张照片。2011年，叙利亚危机爆发，大量难民涌向欧洲。彼时作为欧盟领导者的德国默克尔政府对接收难民持反对态度。2015年，叙利亚3岁男孩艾兰伏尸海滩的照片，引爆了全球媒体，欧盟各国的难民政策发生根本性改变，其影响持续至今。为什么一张照片能够带来如此巨大的社会影响，其背后的影响力来自何方，恐怕也超出了设计学科的研究范围，是公共政策、社会传播、国际政治、社会心理学等多个学科的交叉地带。

四、社会设计的可能路径

受帕帕奈克感召的大批设计师将目光投向社会问题之时，可能并未有充分的准备面对如此复杂的挑战。西方人文社科领域在近半个世纪中，深受新自由主义的浸淫，很难跳出自身所处的特定社会文化背景，但这并不意味着以解决问题为目标的社会设计纯属一厢情愿的梦想。从问题出发，脚踏实地，理解真实的社会背景与大众需求，仍然有可能践行社会设计，并且以设计解决社会问题。

案例：蹲坐一体式无水冲便器及生态厕所系统设计

2018年2月，中共中央办公厅、国务院办公厅印发了《农村人居环境整治三年行动方案》，"厕所革命"上升至国家层面。根据国家卫生健康委员会的数据，2000~2017年间，全国拥有无害化卫生厕所的农村住户比重从19.3%增至62.7%。但各省拥有卫生厕所的农户比重差异较大。根据《中国卫生健康统计年鉴》2018年数据，东部地区大多数省（自治区、直辖市）超过85%的农户拥有卫生厕所，而西部地区省（自治区、直辖市）卫生厕所普及率偏低，例如，陕西拥有卫生厕所的农户比重仅为47.2%，山西、新疆、青海等地的比例均相对靠后。

除了农村居民收入这一原因之外，卫生厕所的普及率较低很大程度上与地形及水资源分布有关。农村最常使用的卫生厕所是三格化粪池厕所，即冲水后，经过沉淀与发酵，减少粪污体积，通过定期清掏，保障化粪池的良好运转。通过水冲的方法，可以最大限度地保持清洁，隔断病菌传染，保障居民健康。但这一路径的前提，一是有足够的水用以冲厕，二是有吸粪车等配套设施。但我国水资源分配不均，据2021年的数据，陕西省人均水资源量为1121立方米，不足全国平均水平的一半，陕北人均水资源量721立方米，低于国际公认的1000立方米重度缺水标准，关中人均水资源量347立方米，低于国际公认的500立方米极度缺水标准。同时，陕西山地面积占比约一半，农村地区由于居住分散，交通运输成本远比平原地区高昂。因此，在这种条件下，推广适用于东部地区的水冲式三格化粪池厕所难度极大。

在这样的情况下，缺水地区的农村改厕就需要提出全新的解决方案。清华大学美术学院生态设计研究所根据这类农村地区的特定条件，提出了"无水冲生态厕所"的思路，即通过干湿分离减少粪污总量；在底部设置微生物发酵装置，分解病菌，同样达到卫生、清洁的标准。单独收集的尿液以及经过长时间发酵处理的粪便，均可以直接还田，成为生态种植的优质肥料，从根源上减少人类废弃物对环境的污染。

设计团队在进行调研时,发现了农村存在着严重的空心化现象,即常住居民以老年人和留守儿童为主,青壮年则长期在城市学习务工,在节假日返乡团聚。在这种情况下,老年人的需求需要着重考虑,同时还应兼容不同代际之间的不同生活方式。如此,采用了蹲坐两用的便器设计。老年人及儿童可以使用坐便,提高使用的舒适度,尤其保障老年人的健康;在节假日青壮年返乡时,可以使用蹲便,不强行改变生活习惯(图2-4~图2-6)。

图2-4
蹲坐一体式无水冲便器

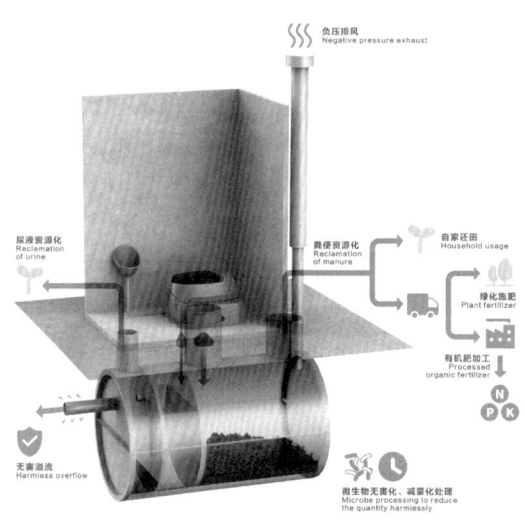

图2-5
蹲坐一体式无水冲便器及处理系统

[第二章] 社会设计

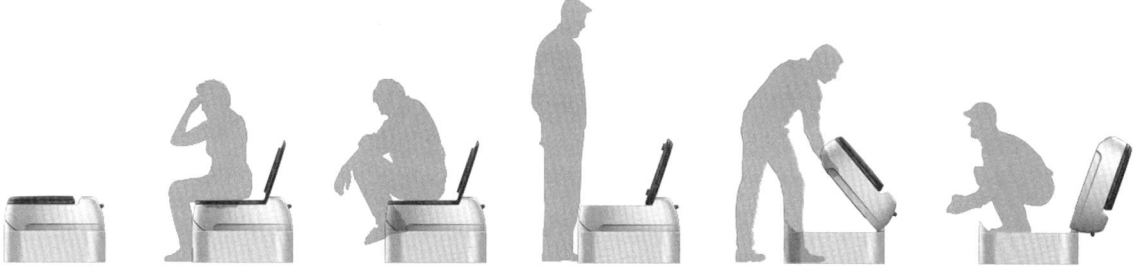

图 2-6
蹲坐一体式无水冲便器使用示意

然而，良好的设计只是解决方案的一部分，要真正进入农村居民家中还需要有多个条件。第一，较低的成本，不增加农民的经济负担。设计团队与便器生产厂家进行密切合作，从材料、工艺等多个角度进行测试，在压缩生产成本的同时不降低产品品质。在批量化生产的情况下，目前的市场定价不到 700 元，连同厕间的建造成本，含人工约 3000 元，基本可被各省的改厕补贴覆盖。第二，农民的接受度。改变农民的传统生活方式的难度超出设计与生产的难度。在试点村庄，厂家派驻销售经理驻村，与村干部合作，挨家挨户进行宣传动员，设计师也参与其中，采用了一些参与式设计的方法，普及卫生旱厕的基础知识，最终取得了较好的推广效果（图 2-7）。

图 2-7
农村改厕宣传动员条幅

▎社会创新设计概论

在第一批村民试点改厕之后,厂家的销售经理并未撤出,而是长期驻扎在村庄,向村民普及使用及维护知识。采用微生物处理需要定期加入菌剂,同时会受到高温和严寒的影响,因此需要具备一定的知识才能维持厕所的良好运转。通过驻村经理、村民带头人等多个角色的长期配合,目前在试点区域内,大多实现了较长周期内的良好使用,达到了改厕的目标(图2-8~图2-10)。

在这个本土案例中,设计团队通过长时间的实践,将设计概念转化为产品原型,经过小范围测试后,对产品进行迭代,并进行市场推

图 2-8
设计团队回访蹲坐一体式无水冲厕所使用情况

图 2-9
蹲坐一体式无水冲厕所用户使用场景(左)
图 2-10
蹲坐一体式无水冲厕所项目所获奖项(右)

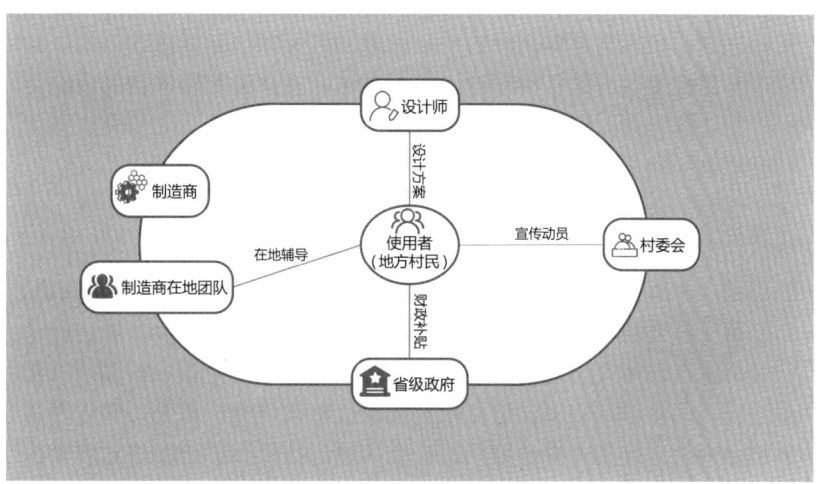

图 2-11
蹲坐一体式无水冲厕所服务系统

广。设计本身的服务对象，是相对贫困的农村地区的普通居民，解决的是人类最基本的需求之一，属于最典型的社会设计。但更重要的是，通过设计来解决问题，需要多个角色的共同协作。例如，在国家的"厕所革命"政策下，各个省市自治区均通过财政进行了相应的资金支持，村民通过村委会均可完成相关的申请手续；小型制造业企业希望能通过这一产品进入市场，获得利润，他们深知产品的成功与否，与村民的能力提升直接相关，因此也愿意派出人力长期驻扎在试点村庄。在政府、市场、设计师的多方协助之下，社会设计才有可能从美好的愿景，进入真实生活，并真切地改善底层民众的生活条件，提高人民的幸福度（图 2-11）。

第二节　为社会整合而设计

社会设计，在主流的诠释中，是为了解决社会问题而进行的设计。但在这个领域之外，还有另外两种可能：为了社会整合的设计，以及为社会提供更好的公共品的设计。

一、社会是什么？

人类是社会化的动物，似乎是不言自明的事实，但是"社会"究竟是什么，甚至"社会"是否存在，是"社会学"兴起时最核心最基础的问题。个人与群体之间的关系，激发了无数社会学家的讨论，形成了有巨大影响力的各种理论，至今未休。其中最有影响力的研究之一，是法国社会学家涂尔干有关自杀的研究，他的一系列研究也成为社会学学科的奠基之作。

涂尔干采用了溯源分类法，即预先假定影响自杀的某些原因，再根据原因的不同而对自杀分类，最终，他将自杀分为四大类型，包括利己型、利他型、失范型以及宿命型自杀。它们分别由不同原因决定。

第一种是利己型自杀。涂尔干对天主教和新教的教会群体进行了比较，提出群体整合与利己型自杀的比率呈反向相关这一假设。涂尔干发现，天主教徒的利己型自杀几率要比新教徒低。可见，整合性强的群体对个人起到支持性作用，在个人遇到挫折时，可以得到群体的保护和支持。因此群体的整合是遏制成员自杀倾向的社会因素。相反，个人主义的兴起增强了个人的独立性，削弱了群体对个人的约束和控制，降低了成员对群体的归属感，松弛了成员之间的相互联系。在这种情况下，那些遭遇不幸的人很容易陷入沮丧、绝望而难以自拔，进而采取自杀以求解脱。这就是所谓利己型自杀。

第二种是利他型自杀。如义务性自杀和负疚性自杀。涂尔干提出群体整合与利他型自杀率呈正向相关的假设。他通过比较军民自杀率的变动，军队内部自杀率的差异以及军队自杀率变化的总趋势验证了这一假设。他发现，当社会整合过于强烈之时，高度的社会整合使得个性受到相当程度的压抑，个人的权利被认为是微不足道的，他们被期待完全服从群体的需要和利益，为了群体利益即使付出生命也在所不惜。如果说利己型自杀的原因是社会整合程度不足，那么利他型自杀的原因是社会过度整合。

除了利己和利他型自杀之外，涂尔干认为，还存在着失范型和宿命型自杀。在经济危机时期，自杀率往往急剧上升。但涂尔干认为，其原因并不是经济因素（贫穷），而是社会的失范状态引起自杀率上升。社会道德规范的调节可以遏制人的欲望，给社会成员指明生活方向，打消不切实际的幻想，并提供生活目标和人生意义。而社会急剧变化时，原有规范的约束骤然松弛，势必导致欲望的膨胀，受挫感乃至生活意义的丧失，从而使一些人走上自杀之路以求解脱。涂尔干用城乡比较和不同的婚姻规范下自杀率的差异验证了这一假设。

与社会失范相反，如果规范的约束成为一种负担和压抑，言行举止都要受到限制，整个人生就会涂上一层宿命色彩，人们无法找到生活下去的希望，这种情况下，就会出现宿命型自杀。如离婚对女性自杀率有明显影响。正如利己型和利他型自杀率可以由社会整合不足或过度来解释一样，失范型和宿命型自杀率可以由规范过宽或过严来解释。

涂尔干通过实证研究，否定了精神疾病、酗酒、遗传、种族和气候等因素对自杀的影响，而后肯定了他提出的命题，即自杀是由社会因素所引起的，而其中的一个重要指标就是社会整合度。过高或者过低的社会整合、过于混乱或者过于严苛的社会规则，都会导致自杀率的上升。通过对自杀这一特殊的人类行为的分析，他将"社会"这个抽象概念揭示出来，他认为：社会是群体的一种存在方式。一个"好"的社会，对个体的存在有着息息相关的影响。涂尔干有关自杀的研究体现了实证社会学的基本精神，在发展实证社会学研究方法方面取得了实质性突破。他与卡尔·马克思及马克斯·韦伯并列为社会学的三大奠基人。

涂尔干有关社会的理论被视为"社会唯实论"，即认为社会是一种一般性存在，是一个由各种制度和规范构成的有机整体，社会外在于个人，并对个人具有强制性。

与"社会唯实论"相对，社会学领域中还存在着与之相对的流派"社会唯名论"。社会唯名论认为，个人是实际存在的，社会只是单纯的名称。个人是社会学研究的对象，其研究方法是从个人行为的细节上，或者从其行为中可能推知的事项上加以研究。社会唯名论主要有两种理论：一是以英国哲学家洛克和古典经济学家们为代表的个人主义的功利主义，认为个人是自私而理智的行动者，而社会是个人自由转让权利的结果（即契约）。基于这一假定，这种理论侧重于分析个人为获取利益而采取的合理的行动，而对社会仅从个人方面予以说明。二是以马克斯·韦伯为代表的理解的社会学。韦伯认为，社会现象是不同个人之间互动的结果，而人的社会行动是社会学分析的最基本单位，确切地说，社会学是关于人的社会行动的主观意义（动机、意愿）的科学。社会唯名论与社会学中的机械论、原子论、个人主义、微观理论息息相关。

二、从传统社会到现代社会

在过去的两个多世纪中，人类社会发生了根本性的变化，社会现代化的进程在不同区域相继展开。所谓"社会现代化"是社会由传统结构走向现代结构的过程，在地球上的不同地区，有的社会早已完成了这一过程，有的正在这个过程当中。"现代化"深刻地影响了人们的生存方式，重塑了社会结构。理解这个过程，会帮助我们理解设计与社会之间到底有何关系。

我国地处欧亚大陆的东侧，因为海洋、高原与山脉的阻隔，在很长的历史时期内，都以一种较为稳定的社会结构运行，可以作为传统社会的最具代表性的案例。我国的传统社会往往有几个特征：①家国同构。家族是构成社会的基本单元，同时，家族以血缘关系为纽带，呈现出一种差序格局。②熟人社会。传统社会中，人在空间中的流动范围非常受限，大多数人终其一生，其活动范围都在出生地的周边，李白或者徐霞客这类人物非常罕见；士农工商的社会排序以及严格的社会管理，使得人们基本上处于熟人社会当中，且身土不二。③稳定性。与现代社会相比，传统社会的社会结构极其稳定，除了科举之外，很少有人能够跨越出生时所处的社会阶层。

工业革命后，西欧国家最早开始从传统社会向现代社会转型。在英国，从15世纪末期开始的圈地运动使得土地日益集中，农业生产力获得快速提升，农业产量增加，出现大量的剩余劳动力。18世纪中叶，工业革命兴起，大量人口进入城市，英国人口重心开始向城市移动，英格兰和威尔士城市人口占总人口的比例在1751年为22.7%，1851年上升到54%，1901年进一步上升到78%，基本实现城市化。

在这个过程当中，大量人口的快速迁徙使得传统村落解体，建立在血缘、宗教、地域关系上的人际联系被打破，人们由熟人社会进入到陌生人社会，社会结构变化剧烈，通过求学、经商、战争、移民等行为，很多人获得了改变命运的机会。尽管历史发展阶段、社会经济背景有很大区别，我国在20世纪80年代之后，也进入了相似的快速城市化阶段。如今很多城市居民仍然还保留着农村生活的记忆，对两者的差异也深有体会。在农村，鸡犬相闻，左邻右舍来往频繁，婚丧嫁娶往往需要全村人的相助，亲戚熟人之间，既互相帮助又互相攀比，七嘴八舌带来巨大的社会压力。在城市，人们来往匆匆，很多问题都可以通过"钱"来解决，市场分工极细，各种需求都有可能得到满足，在有经济保障的情况下，人们具有越来越强大的独立生活能力，周围都是熟悉的陌生人，可以获得巨大的自由。德国社会学家滕尼斯将这两种社会结构称为"社区"（Community）与"社会"（Society），又或者"共同体"与"社会"。

滕尼斯认为，"社区"是通过血缘、地缘和精神共同体（友谊或信仰）建立起的人群组合，它的基础是本质意志。本质意志表现为意向、习惯、回忆，它与生命过程密不可分。在这里，手段和目的是统一的，靠本质意志建立的人群组合即"社区"是有机的整体。而"社会"是靠人的理性权衡,即"选择意志"建立起的人群组合,是通过权力、法律、制度的观念组织起来的。在这里,尽管人们通过契约、规章发生各种联系,但手段与目的在本质上是相互分离的,因而"社会"是一种机械的合成体。滕尼斯认为,从中世纪向现代的整个文化发展就是从"社区"向"社会"的进化。

滕尼斯对"社区"与"社会"的界定对社会学产生了深远影响。对于现代社会学家而言,一个重要的研究主题,就是能否将机械联合的"社会"建设成为"共同体"(社区),这类研究,被社会学家称为"本体论上的社区研究"。在较早完成城市化,进入现代社会的西方国家,社会学家们观察到很多现象,如人情冷漠、个体孤独,因此,提出"社区失落"(Community Lost)的议题。如果回到涂尔干的理论,也就是现代社会的社会整合度相比传统社会明显下降,这种社会结构,会对个体带来方方面面的影响,自由的另一面是孤独。当代著名社会学家鲍曼将"流动"视为"现代性"的基本特征。人在不同的时空关系中快速变化。而英国社会学家吉登斯将个体在时间、空间中的穿越,以及社会关系与面对面的地域关系中抽离出来的机制,称为"脱域"(Disembedding)。

进入到信息社会之后,"社区失落"的议题受到了更多的关注。由于人们可以通过网络,在虚拟空间中与其他人建立超越物理空间的联系,那么,人的"流动性"以及"脱域"的可能性又得到了无限的增强。很常见的现象是,有些人在生活空间中,包括家庭、学校或工作场所,与其他人可能有较多的功能性互动,但却未能建立深厚的情感联系;相反,在虚拟空间中,具有强烈情感共鸣的好友伙伴,但却有可能从未在物理空间中相识,甚至远隔千山万水。

三、为社会互动而设计

"流动性"和"脱域"对社会整合带来了极大的挑战。对普通个体而言,一方面,从传统的束缚中得以解放,可以获得最大限度内的自由;另一方面,失去了家庭与社区的牵绊,也变得更加脆弱,在经济上、安全上都将面临更大的风险。对于社会的管理者而言,大量分散的、异质的个体,很难实现集体行动。以最基本的治安保障为例,在传统的封闭社会中,人们往往会夜不闭户、路不拾遗,熟人社会带来了极高的社会信任。而在开放的、高度流动的现代社会中,人们需要通过各种防护措施,以及保安、警察等商业或公共服务人员来获得一定的安全保障。同时,社会规范在不断被打破和重塑。在法律之外，人们无法强制他人履行道德义务，如爱惜公共设施或扶起老人。可以说，现代社会中的普通个体，尤其是在经济、社会地位，甚至体力上不占优势的弱势群体，失去了"共同体"可提供的无形的社会"公共物品"（Common Goods）之后，其个人的生活质量（Life Quality）与福祉（Wellbeing）也将大受影响。

当然，不同的社会对这一问题有着不同的解决方案。如西方发达国家在第二次世界大战后建设起完善的社会保障制度，在某种程度上为弱势群体兜底，但其前提是具有绝对优势的经济发展水平，与相对同质的社会结构：贫富差异不大，社会文化统一。在经济衰退，以及社会多元化程度加深之后，社会福利制度的可持续性已经受到了极大挑战。

那么，社会是如何提高整合程度的呢？设计如何参与其中呢？

在这里，涉及社会学中的核心概念：社会互动与社会认同。

社会互动是研究社会学的基本分析单位之一，是微观社会学的主要课题。它是个体层次和社会结构层次以及文化层次的中介，是由个体走向群体甚至更大社会组织制度的转折点。

两个或两个以上的个体之间的社会相遇（Social Encounter），无论是正式的还是非正式的，均可被视为社会互动。在社会相遇中，人与人之间，或群体与群体之间都应当发生互相依赖性的行为，才能被称为社会互动。举个例子，一群人在地铁站中同时朝一个方向前进，但是彼此之间没有发生相互间的行为，那么这群人之间，不存在社会互动。但如果其中一个人被人无意绊倒，另一人停下来道歉，或者当事人不曾注意，旁边有人提醒，那么这两人或三人之间，就发生了社会互动。

社会互动有可能依赖语言，也可能不依赖语言，仅通过表情或肢体动作也可能进行互动，但前提是，互动以某种信息交换为基础。如电梯间里的陌生人，对刚进来的小朋友微笑、挥手，小朋友或家长如果以表情、动作或语言回复，那么，他们之间就进行了社会互动。社会互动与具体的社会情境相关，相同的行为在不同的时间和场合往往具备不同的含义。如按住电梯开关，防止电梯关门，有时是个体出于自私的动机，其为了等待自己的熟人而让他人也被迫等待；有时则是出于利他的动机，有可能电梯中有坐轮椅的老人，为了帮助行动缓慢老人顺利离开而和他人一起耐心等待。

社会互动不一定依赖面对面的形式进行。在物理空间中，人们可能在留言板上分头留言并展开对话；在虚拟空间中的互动更是脱离时空限制，人们可以在社交媒体的海洋中随时留下印记，并在不经意的时间收到反馈。社会互动影响着每一个个体，同时也对社会环境产生了影响。如果出于好意扶起老人却受到敲诈，如果没有得到法律的保护或舆论的支持，那么，这类善举就将受到抑制，而需要帮助的弱者也将面临更大的风险。

人与人之间的互动很难被直接设计，毕竟常规情况下，人拥有完全的自主性，对或熟悉或陌生的人是否发出信息，同时，对方是否能够接收到信息并进行反馈，进而实现互动，他人很难像进行编程一样完全控制。但是设计师可以设计推动人们互动的媒介，如空间，让人们得以停留，在安全、放松、舒适的环境下有更多的人停留，就有可能促成互动；而如果有一定数量的人们，对某种事情有着较为长久的兴趣，一而再地参与其中，那么就有可能与其他人从陌生走向熟悉，提升社会活动的深度与频率，甚至形成某种组织，例如在某个固定时间内到同一个球场踢球的业余爱好者，就有更大可能性组建成一支非专业的球队。

在这里提到的两种激发社会互动的联系，可以被称为地缘与趣缘。人们如果在同一个空间中活动，进而产生社交互动，并建立较为稳定的社会关系与社会网络，就可以被称为地缘。传统社会中的地缘与血缘密不可分，如同一个村庄中，所有的人口共享一个或几个姓氏。在现代生活中，哪怕互联网已经无处不在，各项网络服务已经深入家庭，甚至人口流动剧烈，但人们仍然无法挣脱物理空间的束缚，或者是，物理空间无时无刻不承载着人的"具身"，那么，地缘关系就具有可能性。共享一部电梯的邻里，常年为居民派送快递的快递员，小区的保安与物业师傅……通过创造不同人可共享的社会空间，就可以创造地缘，并激发社会互动。

案例一：西班牙巴塞罗那超级街区（Superilles）

西班牙的巴塞罗那一直是该国最大的城市和经济中心。1841年，巴塞罗那启动了城市化计划。在经过招标后，西班牙中央政府启动"塞尔达计划"（Plan Cerdà），于1859年正式开始实施。"塞尔达计划"以棋盘式的路网对大约9平方公里的用地进行了均分——划分出500多个面积大致113平方米的正方形街区。正方形的四个角又被整齐地切掉了一小块，这样每个十字路口会呈现出八边形，街坊转角的建筑面向街角形成45度切角，给每个交叉口留出充足的空间和能见度。然而塞尔达的完美城市规划并没能完全实现。按照塞尔达超前的生态建筑理念，最初打算只在方形街区的其中两个边上建造楼宇，其余的空间规划成绿地和花园,让空气流通和光照充足。然而,为了解决土地压力,政客们修改了最初的规划,结果四面都建起了高28米的楼群,这样一来,塞尔达最初想象中的开阔绿色园区就被缩减成了一个正方形的封闭式内院。"塞尔达计划"的实施持续了近一个世纪,随着时间的流逝,该项目已经发生了转变,由于土地所有者对各自利益的维护和种种投机行为,"塞尔达计划"许多重要方面没有得到实施。尽管如此,"塞尔达计划"仍然让巴塞罗那脱胎换骨,整个19世纪,它一直是西欧的其他城市扩展的典范,其中包括法国的斯特拉斯堡和里昂。如今,塞尔达规划的L'Eixample的350个正方形街区占地7.5平方公里,被认为是巴塞罗那最适宜居住的地区之一(图2-12)。

然而,随着20世纪汽车的快速普及,棋盘式的道路被车流完全占据,城市居民的生活质量受到尾气和噪声的严重污染,行人安全也缺乏保障。在这个背景之下,巴塞罗那启动了超级街区(Superilles)项目。试点项目于2014年启动,做法是将9个街区合并为一个超级街区,九宫格周边道路保留其原有功能,而内部交通限速每小时10公里,并且仅有一个方向,如此街道逐步恢复了公共空间的功能:儿童可安全玩耍,自行车可放心骑行,社区居民步行无忧(图2-13)。

在超级街区中,原来的十字路口转变为广场,设置了大量户外家具,如长椅、座椅、游乐场等,方便居民停留;绿化逐步增加以改善

图2-12
巴塞罗那L'Eixample区

空气质量,减少了空气与噪声污染,同时增加了城市的生物多样性。由于市民获得了大量休憩空间,户外的公共活动迅速增加,社会凝聚力明显上升(图 2-14)。

尽管项目在实施过程中受到各种争议,但市政府采用了多种参与式设计的方法,听取市民意见,逐步达成共识,目前计划建造 503 个超级街区。超级街区在巴塞罗那已经取得了显著的社会效果,巴塞罗那因此也被视为欧洲城市可持续发展的典范。

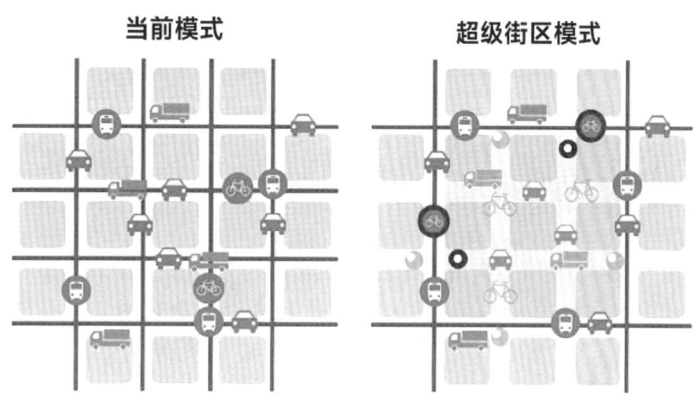

图 2-13
超级街区模式示意

图 2-14
超级街区实景

创造高质量的公共空间，增加可促进人际互动的地缘，不仅仅是空间与城市的建设问题，更是增加社会凝聚力，促进社会整合的有效手段。这一策略也被世界各地广泛采用。而显然，高质量的公共空间，不仅仅是空间与环境设计的领域，也是服务设计的领域：人的需求与使用者视角将贯穿始终。

除了地缘之外，现代社会中有益于建立人际关系的还有趣缘。所谓趣缘，是指人们因兴趣爱好相同而结成的社会群体。例如，城乡随处可见的广场舞团队，公园中的太极拳队或合唱队等。在信息时代，趣缘也超出了物理空间的限制，人们可以在网络空间中寻找与自己兴趣相投的伙伴，组成虚拟社区，如游戏社区、书法社区、宠物社区等，接近无限的信息数据可以使得小众的"长尾"爱好也找到志同道合之人。

案例二：团购

1994年，在意大利的米兰出现了团购（GAS, Gruppo d'Acquisto Solidale）社群（图2-15）。这些人认为，常规的工业化大生产的食物模糊了生产者、生产过程，在最大限度压缩生产成本的同时，也降低了食物的质量。因此，他们有意识地寻找周边的可靠生产者，组织有相似需求的消费者组成团购小组。一方面，通过有一定规模的采购降低物流成本，减少经济上的开支，另一方面，小组成员之间可以分工合作，减少寻找货源、整理信息、采购运输、分配发放等一系列过程中的人力消耗。由于具备相似的价值观，同时长期高频互动，团购小组的成员之间，以及团购小组与不同农户之间也建立了稳定的社会关系。在互联网普及之后，团购的效率也得到了大幅度的提升，一些商业企业也进入到这个领域，如近年来曾一度风靡全国的社区团购。但在这种情况下，参与的多方，包括组织者、商品的提供者、消费者等，更多的是寻求经济上的效益，其原本的社会价值则大幅削弱。不过，在商业团购发展的同时，保留着早期趣缘团体性质的自发性团购也仍然广泛存在，如成立于2012年的北京有机农夫市集就促成或发起了多种形式的团购，参与者也因之形成社群。

为趣缘而设计，显然属于服务设计的范畴，它可以发生在物理空间，也可以发生在虚拟空间，但更多的是发生在物理空间与虚拟空间交织的混合空间。

图 2-15
意大利的团购小组

四、为社会认同而设计

在社会互动中,信息是实现人际交往的前提,而信息的形式是多种多样的,语言、文字、表情、动作,都可以传递信息。然而,发出的信息可以被顺利接收的前提,是接受者能够理解其内涵。不同人群可能使用不一样的语言和文字,甚至有些群体与其他群体对同一个表情或动作的解读也完全不同。如此,文化就成为社会互动的重要前提。

在社会互动理论中,最具影响力的流派是符号互动论(Symbolic Interactionism)。其核心包括如下五点:①人与人的互动是通过符号进行的;②人的行为是有意义的,要理解某个行动,就需要对行动背后的意义有所了解;③意义不是一成不变的,它会在社会互动的过程中不断地产生、修正、发展与变化;④在互动的过程中,人们往往通过扮演他人的角色,从他人的角度来理解其行为的内涵,并以此来指导自己的行为;⑤在互动过程中,人们往往从自己所认识的他人对自己的态度和看法来认识自己,形成并修正自我概念。从社会互动出发,会引出社会角色、社会网络等多个社会学核心概念,这似乎更像是构成社会的客观结构:个体如何与他人联系,建立关系与网络,进而形成各种群体和组织,最终形成社会整体。

同时,从社会互动,尤其是符号互动论出发,还会衍生出更侧重人的主观性的社会建构理论。符号互动论的重要推动者米德认为:在单个的个人组成社会的过程中,精神和自我发挥了巨大的作用。认同理论由此发展起来。认同(Identity)首先是自我认同,人们从他人的眼光中逐步形成了自我,自我是社会的一种反映。

在社会学之外,从心理学又发展出社会认同(Social Identity)理论。社会认同指的是一个人对其所属的社会类别或群体的仪式。如果说涂尔干是社会唯实论的代表,那么另一位社会学的奠基者马克斯·韦伯则被视为社会唯名论的代表。在他看来,社会现象是不同个人之间的互动的结果,而人的社会行动是社会学分析的最基本单位,确切地说,社会学是关于人的社会行动的主观意义(动机、意愿)的科学。如此,主观意义就具备了非同凡响的价值。这个观点,也是社会建构理论的源泉之一。

社会建构的基本理念包括,社会是由客观事实和社会意义共同构建的;客观存在的物质性因素因为人的互动性实践活动而获得了社会意义,社会事实因为人的互动性实践活动得以造就和确立。以日本受过核打击为例,客观事实是日本因核打击而受到了极大的破坏,包括大量平民死亡。但如果因核打击造成平民死亡而进行反战宣传,似乎又抹掉了另一个事实,即日本本身是战争的发起者。反战的社会意义被悄然替代。如此,观念具备了强大的力量,人们共有的观念,就形成了文化。

从这个角度来说,基于观念与文化的社会认同而实现的社会建构,是一种更加偏重主观的社会整合方式,尽管这一表述在社会学研究中可能并不准确。

而意义、观念、文化,正是设计可以发挥巨大价值的领域。

案例:欧元的设计

欧元是欧盟27个成员国中19个国家的官方货币,也是6个非欧盟国家的官方货币。这些使用欧元的国家被称为欧元区,根据欧盟2021年的统计数据,欧元区拥有大约3.5亿公民(图2-16)。

1993年,欧洲央行的前身欧洲货币研究所(EMI)发起了一场设计未来欧元货币的竞赛,所有条件均由该研究所确定。1995年设计之初的18个备选主题包括欧洲的动植物,常见传说和神话,欧洲的伟人、诗歌、地图、神话等。但由于七种币值上的七个肖像位置不

[第二章] 社会设计

可能覆盖欧元区所有国家,所以最初欧元设计工作组——由历史(艺术)学家、心理学家、设计师等构成——提出的 18 个命题方向大多不可行:"欧洲的集体记忆和文化"太抽象,"欧洲的成就"不可避免地会用到人,动植物和自然环境也随各国而异。EMI 理事会把这些方案筛选到了 2 个:"欧洲的建筑时代与风格"及"抽象—现代设计"。

截至 1996 年 9 月 13 日,29 位设计师或团队提交了共 44 份欧元设计方案,其中"欧洲的建筑时代与风格"27 份,"抽象—现代设计"17 份。EMI 理事会选择了建筑这一母题,且在设计过程中要求设计师避免纸币上的建筑对应现实世界的任何一座,以免引起纷争。

在民意调查中,比利时设计师 Maryke Degryse 绘制的方案获得了最高的赞成票数(35%),而尽管只有 23% 的受访者表示喜欢奥地利设计师 Robert Kalina 的传统绘画风格,但其中大多数人(76%)认为他的钞票更好地表达了"欧洲"的想法,这也是理事会最后选择的方案。

欧洲央行 1999 年委托 15 家印刷厂生产欧元时,G+D 是其中印刷量最大的公司,它如今在官网上写道:研究表明,人们通常不信任抽象的、不熟悉的形状。欧元的设计恰好折射出欧洲身份的致命缺点,正如伦敦政治经济学院教授安东尼·史密斯所说:"对现代欧洲大陆的居民而言,似乎不存在有意义、有效力的,能够将他们联合起来的共同的欧洲神话与象征符号。"

在人们的日常生活中,符号无处不在。小到一件商品的标志,大

图 2-16
欧元纸币

到国家联合体的通用货币,都代表并传递着某种信息。综合了多种视觉符号、行为符号的仪式,小到生日宴会,大到国家公祭,更是用三维的方式,进行更深度的意义构建与传播。社会认同与社会建构的失败必然会导致设计的失败,但反之,好的设计是否在某种程度上能多多少少地促进社会认同与社会构建呢?

第三节　为公共物品而设计

在经济学中,将所有的物品分为"公"与"私"两大类。私人物品的产权归某个个体所有,同时,这个物品在被某个人买下来之后,其他人就无法再去购买。私人物品同时具有竞争性和排他性的双重特征。所谓竞争性,就是指所有人都有权利在市场上购买,先到先得;所谓排他性,指的是这件物品归某人所有之后,其他人就无权占有此物,尽管所有者可以通过借用、共享、赠与的形式,将使用权甚至所有权转让给他人,但仅有所有者拥有这个权利。例如,商店里面有无数件上衣,甚至相同款式、面料、颜色、型号的衣服也有大量库存,无数的顾客均可以进店选择购买,但一旦有人付款购买之后,他人就失去了购买"这一件"的机会,只能选购其他产品,这是竞争性;而一旦顾客将衣服买回家后,无论是穿着、闲置、废弃,他都拥有完全的自主权,其他人无权干预,这是排他性。

在有关公私物品的大量研究中,经济学家们逐步形成了共识,以"竞争性"和"排他性"作为分类标准,将所有物品分为四类:私人物品、俱乐部物品、公共资源与公共物品。俱乐部物品又被称为自然垄断品。例如,在北京市内的某个公园,尽管是对所有人开放且免费的,但实际上,很少有人专程从广州来到该公园游玩,这个公园对北京居民而言,是一个自然垄断品,北京居民可以被视为这个俱乐部的天然成员。公共资源也被叫作"公共池塘资源",它的使用是非排他性的,也就是任何人都有资格使用,但却是竞争性的,因为任何资源都有限度。以自然形成的河流为例,它流经的所有地区的人们都有资格使用,但如果进入旱季,水量减少,难以满足全流域人们的使用需求时,人们则会通过各种方式去进行竞争,以保障自己的所有权。公共资源的研究是经济学、政治学、公共管理学等学科的重要研究对象,搭便车、公地悲剧、囚徒困境等相关理论,都在帮助人们不断加深理解人类社会的本源。

公共物品则是既非竞争也非排他的物品,任何人对公共物品的

[第二章] 社会设计

使用都不会影响他人。例如，一个国家的国防体系，无论该国的人口是增是减，具体的个人出生或死亡，该国居民均平等且共同地享有这一物品。一个物品，会因为使用者的数量的变化，而发生公共资源或公共物品的性质转变。如我国西部宽阔的高速公路，在常规情况下，任何使用者都非常容易通行，其承载能力通常绰绰有余。但如果西部某地要举办大型全国性活动，大量游客在短期内同时涌入，那么有可能会出现车辆的拥挤、排队，甚至长时间的等待。在这种拥挤的情况下，高速公路就成为公共资源，一些人的使用会影响其他人的使用（图2-17）。

除了私人物品之外，其他三类都可被视为某种程度上的公共物品。实际上，公共物品的分类具有广义和狭义之分。狭义的公共物品是指纯公共物品，即那些既具有非排他性又具有非竞争性的物品。广义的公共物品是指那些具有非排他性或非竞争性的物品，一般包括俱乐部物品（或自然垄断物品）、公共池塘资源（或公共资源）以及狭义的公共物品三类。目前被广泛接受的公共物品是指每个人使用这种物品不会导致别人对该物品消费的减少，是指一定程度上共同享用的事物。

人们的日常生活离不开各种各样的物品，如最基本的衣食住行，都依赖"物"才得以实现。更好的生活质量，与拥有的"物品"的充裕程度息息相关，这里的"物品"不仅包括实体产品，也包括服务。然而，广义的公共物品在一定程度上能够替代私人物品，在个人的经济条件相对受限时，"分享"高质量的公共物品也能实现较高的生活质量。例如，人们在较远距离出行时需要通过交通工具才得以实现，有些人会购置自有车辆，如轿车或自行车；而有些人可能无力自购车辆，就不得不借助公共交通才得以实现，这个时候，便捷、高效、低

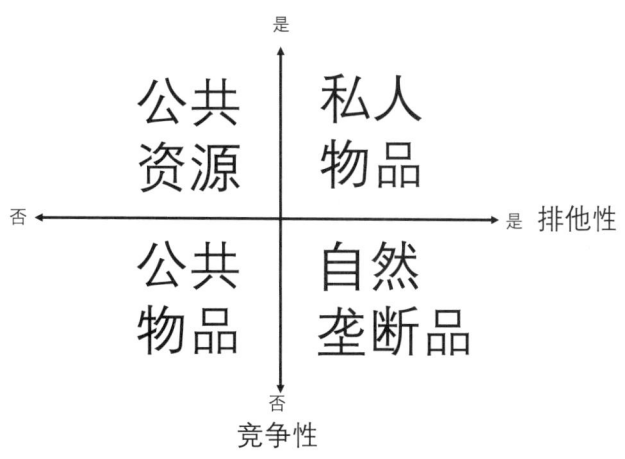

图 2-17
私人物品、自然垄断品、公共资源与公共物品

价的公共交通就完成了私有物品的功能替代，公共交通属于典型的公共资源。又比如，在家庭中有婴幼儿时，常规做法是由母亲或其他家庭成员照料婴幼儿的日常生活，这意味着家庭中有人无法全职工作。如果用市场化的方式来解决，就需要聘请月嫂或保姆，购买照料服务这一"私人物品"。而如果在家庭所在的社区中，有环境良好、收费低廉，且接受政府指导或管理的社区托育机构可以接收婴幼儿，那么，社区托育服务这一"俱乐部产品"则替代了保姆这一"私人物品"，为经济条件有限的家庭创造了更好的生活质量。

可见，个人的福祉有时需要通过个人财富的增加才能实现，有的时候，则可以通过高质量的"公共物品"的获取实现。高质量的公共物品往往被视为社会福利，但却往往又被主流的"公共福利政策"所忽视。常规的"公共福利政策"通常会覆盖教育、医疗、养老等公共服务，但公共交通、社会住房，甚至社会安全这一最典型的公共物品，都不是"福利政策"的重心。

公共物品，由于其"公共性"，对群体中的非优势群体往往具有更大的价值。占据巨大财富的优势群体，可以用金钱换取所需的一切"物品"，解决日常生活的各种需求。而非优势群体，不仅仅是最底层的弱势群体，对公共物品的获取则能带来更大的收益。如果不需要背负巨额贷款，通过购买或租用公租房解决居住问题，那么原本的贷款支出可以支持一整个家庭较为宽裕的日常生活，甚至有条件去追求更加丰富多彩的精神生活。个人福祉的普遍性提高，也必然会带来社会整体环境的改善，如社会信任度的上升等。

可见，为公共物品而设计，是一种有益于社会的设计。它和解决社会问题的路径有异曲同工之妙：建设更好的社会，从而提高社会中个体的福祉。

案例一：Fixmystreet

市政管理属于最常规的公共服务之一。通常情况下，市政管理部门需要派出大量人力，对公共设施进行日常的巡查与定期检修，以保障其功能的良好使用。这意味着市政管理部门的开支巨大，且效率难以得到保障。2007年，英国宪法事务部创新基金资助慈善组织mySociety，协同杨氏基金会共同开发了Fixmystreet网站，任何人在英国各地发现公共设施受损时，均可以通过网站或手机App报告相应位置和受损情况，后台收集到信息后，转交市政服务部门进行维修。同时，Fixmystreet网站实时更新居民的报修记录和后续维修情况，

[第二章] 社会设计

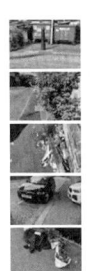

图 2-18
Fixmystreet 的报修界面

以确保居民的报修都得到了高效率的反馈,以此激励居民不断参与其中,进而减轻市政管理部门的巡查与检修压力,在降低人力成本的同时,提高市政设施的维护效率与质量(图 2-18)。

该项目获得巨大成功后,mySociety 将代码进行公开,并使 Fixmystreet 成为一个信息平台,其他国家或地区的市民均可以在此汇报信息。

案例二:家庭托儿所

1999 年,米兰南部新城 San Donato 由于人口增长,政府无法提供充足的托儿所(意大利为 3 个月至 3 岁之间的婴幼儿提供公立托幼服务)。因此,米兰南部新城 San Donato 地区的住宅合作社与米兰市政府合作,挑选一些全职妈妈(尤其是新移民)成为保育员(Childminder),除了自己的孩子之外,保育员还可以在自己的住所内接收最多两名婴幼儿,地方政府负责对保育员进行培训和监督。家庭托儿所既可以解决公立服务不足的问题,又可以为全职妈妈提供收入来源。与此同时,婴幼儿家长所付的费用甚至低于公立托儿所,由于迷你托儿所往往在同一个社区,接送也极其便利,无需通勤。

分散在社区内部的迷你托儿所属于典型的"俱乐部服务",因地理位置与服务的获取直接相关。在试点项目成功后,迷你托儿所也从 San Donato 地区扩散开来,大量社区学习这一做法,一些有婴幼儿的家庭也主动申请在家中开设托儿所,这一创新服务极大改善了婴幼儿家庭的生活质量。

[第三章]

社会创新与社会创新设计

设计的关注中心从商业价值走向社会价值，是 20 世纪设计领域内发生的重要转型之一。从解决社会问题入手，大量设计师都试图通过设计来创造社会价值，然而，究竟如何才能"创造"社会价值，为社会问题提供解决方案？在这个问题的评价方面，至今仍缺乏标准，也鲜有可供设计师参考的真实案例来验证、参考和复制。进入 21 世纪之后，社会创新设计的兴起，方为这一难题找到了前进的方向。

第一节　西方语境下的社会创新

尽管"社会创新"这一名词已经广为流传，但是其定义纷繁多样，至今尚未得到广泛共识。这里引用几个最广为流传的定义。

定义一：以满足社会需求为目标的创新行为与服务，这些行为与服务主要由以社会为主要目标的组织来发起和推广。这是 2007 年出版的《Social Innovation: What It Is, Why It Matters and How It Can Be Accelerated》一书中给出的定义。提出该定义的作者之一杰夫·马尔甘爵士是社会创新领域中最具影响力的人物之一。他目前是伦敦大学学院（UCL）集体智慧、公共政策和社会创新领域的教授。在此之前，他于 2011 年至 2019 年底担任英国创新基金会 Nesta 的首席执行官。1997 年至 2004 年间，杰夫·马尔甘曾在英国政府任职，曾担任政府战略部和绩效与创新部主任，以及首相办公室政策主管。2004 年至 2011 年，他担任杨氏基金会（Young Foundation）首任首席执行官。他曾是智囊团 Demos 的首位主任。他创办或与他人共同创办了许多组织，其中的杨氏基金会以及社会创新交流中心（SIX）是欧洲社会创新理论的主要推动机构。

定义二：解决社会问题的新方案，与现有方案相比更有效、高效、可持续或公正，其创造的价值主要归于整个社会而非个人。这是《斯坦福社会创新评论》杂志于 2008 年刊载的《Rediscovering Social Innovation》一文中提出的。

定义三：社会创新可以被定义为用来满足社会需求、创造新的社会关系或协作的新想法（产品、服务和模型）的发展与实施。它代表了对重要的社会需求的新回应，影响了社会交往的过程。其目标是提高人类的福祉。社会创新在其结果和手段中都具有社会性的创新，它们不仅对社会有益，而且能够提高个体的行动能力。这一定义是欧盟委员会于 2013 年发布的《Guide to Social Innovation》报告中提出的。

定义四：我们将社会创新定义为能满足社会需求，创造新的社会关系或协作的新想法（产品、服务或模型）。这一定义来自于杨氏基金会出版的《The Open Book of Social Innovation》一书。

定义五：社会创新是以用比当前更好的解决方案来满足社会需求的社会实践，例如工作条件、教育、社区发展或健康。这些想法同时带有扩大和加强公民社会的目标。这是维基百科作出的定义。

定义六：社会创新是指设计和实施新的解决方案，这意味着概念、流程、产品或组织的变革，其最终目的是改善个人和社区的福利和福祉。事实证明，社会经济和民间社会采取的许多举措在处理社会经济和环境问题方面具有创新性，同时也促进了经济发展。为了充分挖掘社会创新的潜力，需要一个有利的政策框架，以支持公共、非营利和私营行为主体共同构建和实施社会创新解决方案，从而为解决社会经济问题、增强地区复原力和更好地应对未来冲击作出贡献。这是经合组织（OECD）给出的定义。

定义七：创新是针对具有挑战性、往往是系统性的社会和环境问题制定和部署有效解决方案的过程，以支持社会进步。社会创新不是任何组织形式或法律结构的特权。解决方案往往需要政府、企业和非营利组织的积极合作。这是斯坦福大学商学院社会创新中心给出的定义。

上述定义，是目前研究领域最常引用的定义。在这些定义中，社会需求、社会问题往往是社会创新出现的背景，甚至可以说，社会需求是社会问题更加委婉的替代，然而，除了要满足社会需求这一目标性的描述之外，应当如何去实现这一目标却鲜少涉及。定义三和定义四在满足社会需求之外，还提到"创造新的社会关系或协作"，体现出社会创新与社会整合之间的密切关联。定义一、六、七则提到了社会创新的主体，定义一强调主体是"以社会为主要目标的组织"，定义六和定义七则更进一步，认为社会创新应当由政府、企业和非营利组织之间的共同协作来实现。

社会创新理论兴起于 20 世纪 90 年代，当时的英国政府是最重要的倡导者，同时，与政治学理论中的"第三条道路"息息相关。而要了解"第三条道路"，就需要简略回顾一下之前的两条道路，即西方社会的"左"（新自由主义）与"右"（社会民主主义）。

一、市场至上的新自由主义

新自由主义沿袭了古典自由主义的理论内核，在20世纪初期逐步形成系统性的理论，到20世纪80年代，"撒切尔—里根主义"在英美占据主导地位，新自由主义进而成为西方社会政治、经济、社会、文化等方方面面的主流观念。

英国社会学家吉登斯归纳了新自由主义的几大基本特征，包括小政府、市场原教旨主义、经济个人主义、认可不平等、最低福利保障和生态意识等。也可以总结为三化：自由化、私有化、市场化。认为市场具有最高的资源配置效率，反对任何形式的国家干预。

在社会领域，新自由主义也有鲜明的理论主张，包括反对社会公平和分配争议，因为这是对个人自由的危害；强调个人责任和市场作用，反对国家干预；反对强制性保险，因其仍然是对个人自由的干涉；主张削减社会福利，降低失业保障，以激活失业者重返就业市场。

新自由主义的政治经济制度显然对社会也带来了巨大的影响。个人优先解放了个体，自然"群体"的价值和意义也被消解了，社会朝向"原子化"的方向发展。市场至上意味着所有的需求都仅有市场这唯一的解决方案，如教育、医疗、交通等，个人能够获得的方案与支付能力直接相关，而缺乏支付能力的需求则直接被市场忽略，如此才有了"社会需求"这一说法。更重要的是，反对国家干预、免税、容忍垄断等，带来了贫富差异的急剧扩大，那么，市场门槛就会越来越高，而被市场排斥的群体必然越来越大。

市场至上也腐蚀了传统的价值观，在一切都可交易的时候，传统上的互助行为更多地成为市场上的产品。如儿童的临时接送与看护，传统社会中往往由亲朋好友或邻里完成，现在则有专业的托管机构；友情或者亲情难以购买，但如今在日本可以付费请人扮演朋友或亲人。在美国甚至监狱也是私立的且可以上市，出于营利的目标，政商勾结导致无罪公民入狱，轻罪变重罪的丑闻长期泛滥。在金钱似乎可以购买到一切的时候，人为什么需要与他人建立联系呢？群体不能带来好处，反倒只会成为负担。

二、全民福利的社会民主主义

新自由主义在20世纪初期的滥觞很快被经济危机打断。20世纪30年代初期，美国进入大萧条时代，为了挽救经济，避免社会崩溃，美国开始了罗斯福新政，从此，凯恩斯主义走上历史舞台。在第二次世界大战之后，由于苏联社会主义的强大竞争力，欧洲经济复苏，与凯恩斯主义有着直接关联的社会民主主义兴起，"福利社会"成为西欧国家的主流模式。吉登斯列举了古典社会民主主义的基本要素，包括：强烈的平等主义，国家介入社会生活和经济生活，福利国家，保护公民"从摇篮到坟墓"，充分就业等。在第二次世界大战后到20世纪70年代的经济危机之间，欧美经济快速恢复，增长迅速，有条件为本国人民提供更好的福利保障，以缓解劳资冲突，实现"仁慈的资本主义"。当然，其前提始终是国家有足够的财政能力（税收）。

在福利主义制度下，一方面，贫富差距较小，国家通过税收进行大幅度的二次分配，高收入意味着高纳税，因此收入较为平等，基尼指数较低；另一方面，社会福利覆盖了的基本需求，如较高质量的公立教育与医疗，完备的失业与养老保险，充分休息的权利，对生育的大幅度国家补贴等。社会民主主义长期占主导地位的北欧各国因此常年处于联合国人类发展指数的前列。

然而，国家包办式的福利主义在20世纪70年代的长期经济危机后开始动摇，大规模失业从根本上动摇了福利国家的基础。撒切尔和里根在英美上台后，迅速全面推进新自由主义，福利主义受到猛烈抨击，如福利带来效率低下，人们不思进取、懒惰等。与英美不同，社会民主主义在西北欧始终有着强烈的社会基础，然而，进入21世纪后，社会结构的快速变化对其产生了强烈的冲击。一方面，老龄化导致各国对移民有巨大需求；但来自不同社会文化背景的移民与主流社会有着截然不同的价值观，如此，福利社会所依赖的同质社会（或共同体）的根基就被动摇。与此同时，世界经济的格局发生了巨大变迁，在这种情况下，"第三条道路"开始走上舞台。

三、第三条道路与社会创新

在近现代的西方社会科学中，普遍采用市场—国家的二元模型。即市场与国家处于对立的两端，市场的"无形之手"可以最大效率进行资源配置，而国家则应当远离市场，以"最小政府"为市场提供基本保障。很显然，这是一种自由主义思想下的观点和谎言，历史一再证明，每一个发达资本主义国家在其历史的不同阶段，都举国家之全力服务于资本主义发展，直至当下。

19世纪中期，法国思想家托克维尔开始将"社会"与政治、经济剥离开来，"社会"定义为与个人日常生活相关的行为，各种由普通人自愿组成的社团为人们提供了一种公共生活，并成为民主得以运作的动力之源。但直到 20 世纪末期，市场—国家的二元模型仍然占据西方国家的主流，随着"第三条道路"理论的浪潮到来，公民社会的重要性被反复论证，如此，二元模型开始转变为国家—市场—社会的三元格局（图3-1）。

公民社会（Civil Society）通常指介于独立于国家之外的个人与组织，也被称为"第三领域"（The Third Sector），包括非营利组织、非政府组织，以及各种非正式组织等。人与人之间因为社会交往而建立社会关系与网络，通过社会关系与网络，人们组建了各种非正式群体或正式组织，如基于趣缘的兴趣爱好者团体，基于业缘的行业组织等。这些群体和组织依靠自发捐赠、收集会费或者向他人募资的方式进行。

那么，"第三条道路"为什么是解决社会问题的"新"模式呢？

以教育这一最普遍的社会需求来看，旧的模式无外乎两种：市场主义的和福利主义的。在市场至上的环境下，教育是一种可购买的服务，服务质量的高低由购买力决定。在西方发达国家中，基本普及了公立基础教育。但是在市场主义主导的社会中，公立教育所获得的财政投入更少，教育质量比私立明显偏低，教育的社会分层现象明显。在福利主义制度下，普遍实行公立教育，高等教育也以公立大学为主，以国家财政为主要收入来源。公立教育的质量受到监督，能够满足社会大部分人的需求。

在"第三条道路"的理念下，教育也可以有全新的"替代模式"（Alternative），如美国的特许学校、欧洲的华德福学校等。这类学校既不是公办学校，也不是市场化的私立学校，而是由一群人自发筹资设立，不以营利为目的，有独立的教学理念，自行开发教学内容。与公立教育体系相比，替代模式的教育机构往往提供较为独特的教学

图 3-1
市场—国家—社会三元模型

模式，如强调自然教育、手工艺等。

与之相似，各种社会需求，尤其是个性化的社会需求，"第三条道路"都倡导公民通过自我组织的方式来解决，鼓励公民承担责任而不是单纯主张权利，无责任即无权利。在这个过程中，社会创新的重要性就呼之欲出。

很显然，在"第三条道路"中，社会被视为与市场和国家同等重要的一元，通过强调个人的责任来减轻福利制度的巨大财政压力：如果市场无法满足社会需求，那么最好自己先想想有没有创新模式。之前提到的社会企业（Social Enterprise）也成为炙手可热的议题。

要建设公民社会，鼓励公民通过自下而上的创新来解决社会问题，就不得不涉及一个社会学的核心概念：社会资本。

"资本"是经济学的核心术语，一般来说，它代表已经被生产出来的或者自然的生产因素的存储，这种存储被认为在将来的某个时候能够产生效益。长期以来，经济学家们讨论的"资本"仅限于经济资本。1980年，法国哲学家皮埃尔·布尔迪厄在《社会科学研究》上发表了题为"社会资本随笔"的论文，将社会资本定义为"实际的或潜在的资源的集合，这些资源与由相互默认或承认的关系所组成的持久网络有关，而且这些关系或多或少是制度化的"。在后来的《差异》一书中，布尔迪厄进一步发展了自己的理论，他将资本看作是真正的实体，资本总量也就是在实际中发挥作用的一系列资源和权力，包括经济资本、文化资本和社会资本。从布尔迪厄开始，大批社会学家、政治学家，包括科尔曼、帕特南、伯茨、奥斯特罗姆等不断推动对社会资本的研究，如今社会资本已经成为社会学中极为重要的核心概念。

社会资本的研究往往将社会网络作为其基础。社会网络可以定义为一个由某些个体（个人、组织等）间的社会关系构成的相对稳定的系统，而整个社会则是一个由相互交错或平行的网络构成的大系统。可以说，社会网络是一种结构，而社会资本，是各种社会网络可能具备的性质，网络之中的各个节点之间，往往存在着不同性质的社会资本。

简单说来，布尔迪厄认为社会资本是指某个个人或群体，凭借拥有一个比较稳定、又在一定程度上制度化的相互交往、彼此熟悉的关系网，从而积累起来的实际或潜在资源的总和。资本是一种积累的劳动，个人或团体通过占有资本，能够获得更多的社会资源。由于资本需要花费时间和精力去形成和积累，而其一旦形成后又具有产生新的利润的潜力，它就使得社会生活超越了简单的碰运气的游戏，而建立起较为稳定的秩序和规则。对于具体的个人来说,他所占有的社会资本的多少取决于两个因素:一是行动者可以有效地加以运用的联系网络的规模,二是网络中每个成员所占有的各种形式的资本的数量。对布尔迪厄来说,社会资本既不能被还原成经济资本或文化资本,社会资本也不独立于经济资本或文化资本而存在;对其他两种资本形式来说,社会资本起着增效器的作用。

科尔曼强调社会资本的结构性质和公共产品性质,他认为社会资本主要存在于人际关系的结构之中,并为结构内部的个人行动提供便利。社会资本是生产性的,它使某些目的的实现成为可能。社会资本的表现形式有义务与期望、信息网络、规范与有效惩罚、权威关系、多功能社会组织和有意创建的社会组织等。

之后,美国社会学家帕特南的一系列研究也加深了人们对社会资本的理解。他认为,社会资本指的是社会组织的某种特征,例如,信任、规范和网络,它们可以通过促进合作行动而提高社会效率。其中,社会信任是社会资本的最关键因素,互惠规范和公民参与网络产生社会信任:普遍互惠有效地限制了机会主义的行为,将导致那些经历重复互惠的人之间的信任水平增加,而稠密的社会交换网络将增加社会互动的频率与强度,从而也将增加社会信任水平。但是,建立社会资本并非易事,它需要漫长的时间积累。在帕特南看来,社会资本有两种形式:一种是把彼此已经熟悉的人们团结在一起的社会资本,它起纽带作用(Bond);另一种是把彼此不认识的人或群体联系到一起的社会资本,它起桥梁作用(Bridge)。

社会资本,一部分等同于中文中的"关系",人们之间的社会联系能够替代经济资本,促成很多事情的发生。在传统的熟人社会中,人们之间因为长期的社会交往而建立起联系,社会规范会帮助人们预料未来可能发生的行动,如"来而不往非礼也",这一次我的无私帮助,也期待着下次有需求时,得到他人的相同反馈。但社会资本又超越了"关系",尤其在现代社会中,个人的名誉、社会声望等,可以帮助其快速获得陌生人的信任并激发可能的行动。在高度理性化和抽象化的现代社会,大多数人认可的社会规范也能帮助人们突破熟人社会的限制,与陌生人进行互动与协作,降低交易成本。是否要扶起跌倒的老人这一问题之所以在社会中产生巨大的争执,其原因正是社会规范还存在着模糊地带:这个陌生的老人是否会讹诈好心人?好心人能否得到法律的保护和舆论的支持?如果有人恶意讹诈,是否会受到相应的惩罚?

陌生人之间通过"桥梁"建立起联系之后，可以快速地进行某项具体的共同活动，如组织登山活动，或者一同在小区打扫公共绿地；而彼此熟悉的人们，则可以通过具有"纽带"作用的社会资本，进行更深度的合作，如接孩子放学时，将邻居家的孩子一起接回；组建一个书法小组，一起借用社区的公共空间练习书法、分享成果。这种"纽带"，往往就是信任以及互惠的规范。社会创新的基本内核，是由普通人作出的"社会发明"，在缺乏经济资本的时候，它依赖似乎更具传统特征的互帮互助，这就意味着，需要首先将人们联系在一起，进而，促成这些人之间的互惠与协作。在高度流动、高度分化的现代社会，这个过程远远不像描述的一样自然而然，它需要巧妙的机制设计，高效率的工具支持，精准的社会传播。

回到社会创新。21世纪初期，社会创新理论在英国与美国有着巨大的影响力，英国与美国在高层级政府组织内都设立了专门的社会创新机构。但很显然，不突破新自由主义的樊篱，仅仅依靠民间力量，社会问题永远无法得到根本性的解决。来自社会的创意以及根植于生活本身的"社会发明"，需要有制度性的支持，最终才可以成为具有普遍价值的解决方案。

案例：拼车

1948年在苏黎世的一个住房合作社中首次提到汽车共享，其运营方式是居民共同购买一辆汽车，依靠合作社中的居民志愿者自行管理。到20世纪60年代，开始有企业家、城市和公共当局研究高科技运输的可能性，由于计算机技术刚刚兴起，前景广阔，人们预见到交通领域中有可能的巨变。20世纪70年代初期在法国出现了第一个完整的汽车共享项目，这个项目名为ProcoTip系统，只持续了大约两年。1965年白色自行车项目的创始人在阿姆斯特丹启动了一个名为Witkar的项目，项目采用了小型电动汽车，通过电子技术控制车辆的预定与归还，同时在城市中建设了大量停车站，这一项目运行持续到20世纪80年代中期。

1977年7月，英国在萨福克开展了首次正式的汽车共享实验。伊普斯维奇的一家公司提供该项服务，旨在"让有兴趣共享汽车旅行的驾驶者相互联系"。1978年，农业研究委员会资助利兹大学16577英镑"用于汽车共享的研究和测试"。该方案更接近如今我们认知的"顺风车"，即司机可以提供空余座位给有需要的乘客。

20世纪80年代至90年代初是共享汽车的成熟时期，各种小规模的非营利组织运行这类项目，主要分布于瑞士和德国，加拿大、荷兰、瑞典和美国也有这类非营利项目。直至21世纪初期，商业企业开始大规模运营共享汽车服务，同时，移动互联网在这个阶段开始普及，共享汽车风靡全球，若干个"独角兽"企业在这个领域兴起。

大多数人往往认为，创新来自于技术的进步以及大量资金的推动，但实际上，看起来成熟完善的商业模式，往往来自于民间的"社会发明"。在面对日常问题时，人们会想到最适宜的方法进行解决，拼车的早期尝试就高度依赖于群体的协作，相似的理念、志愿者的时间精力投入、其他居民的参与，都基于高度的"社会资本"的积累。草根式的自下而上的创新成为广泛接受的新的生活方式，关键的难点在于"规模化"，资本是推进规模化的一种力量，但并不是唯一的力量。

四、社会创新与社会治理创新

社会创新出现于西方语境之下，是新自由主义发展到一定程度后，研究者及政策制定者试图"纠偏"的一种尝试。然而，社会创新的思想与一些具体做法，对我国当下具有巨大的借鉴意义，是我国正在推动的社会治理创新中最具积极意义的实践方式。

1998年，中央政府提出的《国务院机构改革方案》正式将"社会管理""宏观调控""公共服务"一起列为政府的基本职能。2013年，中共十八届三中全会通过的关于全面深化改革的决定，将"社会管理"改为"社会治理"，同时社会治理体制创新概括为改进社会治理方式、激发社会组织活力、创新有效预防和化解社会矛盾体制、健全公共安全体系四个方面。中共十九大进一步提出了"打造共建共治共享的社会治理格局"，并且鼓励建立"法治、德治和自治"有机融合的乡村治理体系。将"社会管理"变为"社会治理"，这标志着我国社会政策出现的重大理念转变，表明社会管理或社会治理的主体从单一转向多元，不再是单一的政府公共权力机构，还包括社会组织、社区组织、企事业单位，甚至公民自己。有学者研究表明，"社会治理"理念取代"社会管理"，意味着社会秩序的维护和达成不再是政府单方面的事务，而是政府与公民、社会共同的事务；政府不再是单一的管理主体，公民社会不再是被管理的客体；治理过程不再是自上而下的单向度管控，而是多元主体的平等协商与合作。过去40年社会治理改革的主要成就，既包括宏观制度环境的改善，例如，明确了全民共建共享的社会治理格局，确立了政府、市场、社会共同治理的社会治理体制；也包括微观的治理创新，例如，事业单位体制的改革、新型社会保障体制的确立、社会组织的培育和规范、社区治理体制的推行，等等。所有这些社会治理的改革，都表明了中国的社会治理开始从单位本位走向社会本位，从社会管制走向社会服务，从政府统治走向社会共治。社会治理是以实现和维护群众权利为核心，发挥多元治理主体的作用，针对国家治理中的社会问题，完善社会福利，保障改善民生，化解社会矛盾，促进社会公平，推动社会有序和谐发展的过程。简而言之，社会治理创新，需要激发群众的创造力与参与热情，与政府、市场多元协商，共同参与社会问题的解决，发挥人民群众的主观能动性。

"共建共享共治"是我国社会治理的理想目标。共建即共同参与社会建设。就发展社会事业而言，在教育、医疗、卫生、就业、社保以及社会服务等相关领域，应本着政府主导和政社合作原则，通过一系列政策安排，为市场主体和各种社会力量创造发挥作用的更多机会；就完善社会福利而言，人民的获得感、幸福感和安全感，需要得到制度保护。共治即共同参与社会治理。参与权是人民群众的一项重要权利，也是人性需求的组成部分。物质匮乏的社会阶段，人们参与公共事务的动力尚不突出。但是到了新的社会主要矛盾生成的今天，马斯洛需求层次规律开始应验，人民对于民主、法治、公平、正义和个人价值实现的愿望日益凸显。因此，党和政府要为人民群众参与治理创造条件。共享即共同享有治理成果。改革开放以来，我国经济发展突飞猛进，然而发展成果却没有很好地惠及每个家庭每个人，城乡之间、地域之间、群体之间存在一定差距，这种不平衡不充分的发展不是人民需要的健康发展。习近平总书记强调，我们追求的发展是造福人民的发展，我们追求的富裕是全体人民共同富裕。改革发展搞得成功不成功，最终的判断标准是人民是不是共同享受到了改革发展成果。

可以说，共建共治共享远远超出了西方式"社会创新"的诉求，在资本主义视角下，政策制定者很难对"共享"发展成果作出正面回应，更难以厘清政府、市场与社会之间的关系。但是，在实践层面，尤其在设计领域，更多的设计师不甘限于空谈，在真实的社会实践中，其探索也已经远远超出"社会创新"的理论本身。因此，实践层面的共建共治共享的方法与路径，已经积累的大量经验教训，可供我国的研究者与行动者借鉴。社会创新融入我国的社会治理创新，也终将走出中国特色的道路。

第二节 社会创新设计

社会创新设计从鲜为人知,到近年来的快速增长,与米兰理工大学埃佐·曼奇尼教授及其发起成立的社会创新与可持续网络(DESIS network,Design for Social Innovation and Sustainability)直接相关。从谷歌学术的统计来看,曼奇尼教授是社会创新设计领域中的高引作者,在设计研究领域有着巨大影响力(图3-2~图3-4)。

作为社会创新设计、可持续设计的先行者与学术领袖,曼奇尼教授的学术思想经历了漫长的演化过程,表现为从关注物的可持续,逐步走向关注服务与系统,以及社会的可持续,对于人类社会这一复杂系统的可持续性的剖析层层深入。在这个过程中,他始终以设计师的

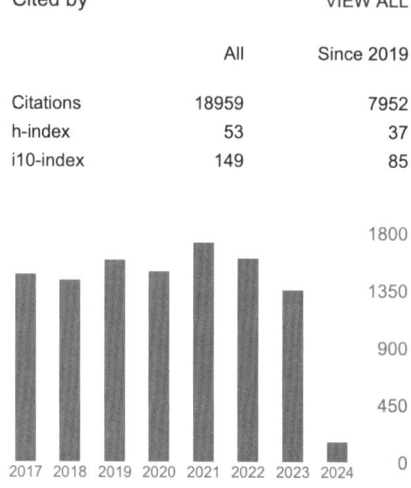

图 3-2
埃佐·曼奇尼(左)
图 3-3
谷歌学术中曼奇尼教授的文献引用量(右)

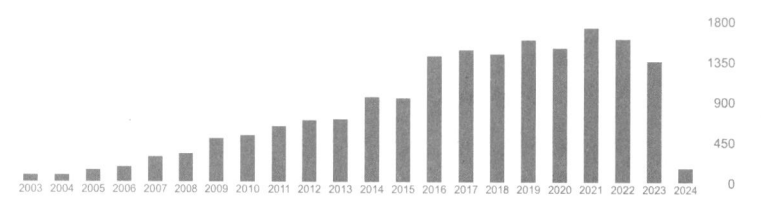

图 3-4
谷歌学术中曼奇尼教授的文献引用量年度统计

视角切入,通过不同类型、不同规模的实践项目,为设计在后工业化社会的定位提出与现代主义设计截然不同的思路,为设计在后工业社会的角色与能力不断拓展边界。

一、设计师行动者:当代欧洲设计思想转型的推动者

尽管古罗马文明被视为欧洲文明的源头之一,并且拥有光辉灿烂的文艺复兴,但与英法德等欧洲老牌强国相比,意大利作为民族国家的统一时间很晚,工业革命兴起的时间也较晚,进入20世纪,意大利仍陷于社会经济发展的泥潭之中。第二次世界大战结束之后,意大利与相邻的巴尔干半岛的南斯拉夫开始划定争议边界,原属意大利的伊斯特利拉半岛被划入南斯拉夫(今属克罗地亚),两国间出现了大范围的居民迁徙。曼奇尼教授正出生于1945年的争议国土区域,在童年时亲身经历了这一历史事件,这也为其一生奠定了左翼社会民主主义的底色。

第二次世界大战后的欧洲被纳入马歇尔计划,从此进入经济腾飞阶段。20世纪60年代初期,曼奇尼进入米兰理工大学,先后学习工程学及建筑学。作为意大利最重要的理工大学,米兰理工大学是意大利建筑师与设计师的摇篮。由于设计专业直至20世纪90年代初期才从建筑学科分离出来,大量的意大利设计师均拥有建筑学背景,曼奇尼正是其中的代表。

20世纪60年代对于西方国家而言是重要的转型阶段。一方面,美国民权运动兴起,环保主义、女性主义等思潮开始冲击旧有的保守主义,并且引发社会巨变;另一方面,以苏联为核心的左翼思想对欧洲青年产生了巨大吸引力。1968年,巴黎爆发了以学生为主体的"五月风暴","红五月"席卷欧洲,从此,行动主义成为当时正在大学就读的曼奇尼坚守的准则。

与英法德相比,意大利在现代的经济腾飞选择了独特的道路,中小企业成为国家经济的主体。由于缺乏大资金的投入,在技术创新方面缺乏基础,"设计创新"成为中小企业进行市场竞争的法宝。1963年,米兰理工大学化学系教授 Giulio Natta 因对聚合物的研究获得诺贝尔奖,如此,各类塑料材质的研发与运用深刻影响了意大利设计。20世纪60年代之后,意大利进入新材料实验的黄金时代,明星设计师、企业与设计思想家星光熠熠、交相辉映,形成了风格鲜明的意大利设计。1987年,曼奇尼因《创新的材料》(La materia dell' invenzione)一书第一次获得意大利金圆规奖。

1. 从物到非物

作为工程师的曼奇尼对新材料能够带来的设计创新潜力了然于胸，《创新的材料》一书为其带来了广泛的世界影响力，第一个转折点很快到来。1992 年，曼奇尼在《设计问题》（Design Issues）发表论文《日常的普罗米修斯：人造物的生态与设计师的责任》（后文简称《人造物的生态》），将"可持续"议题带入设计领域。在这篇论文中，曼尼奇表现出他对于哲学的浓厚兴趣，以及对设计文化、环境可持续、设计伦理等议题的深切关怀。他用"人造物的系统"（System of Artifacts）一词来审视设计的对象，从物与非物、物与环境的关系入手，探讨后工业社会中设计的可能性（设计进行社会想象）。尽管此文并不如他的后期作品一样受到广泛的重视，但 30 余年之后，其观点仍具有强烈的先锋性。曼奇尼本人也正是从此出发，一步一步将"设计的可能性"紧扣"对可持续的关怀"，推进设计研究的前沿。

在《人造物的生态》一文中，曼奇尼呼吁设计师们去认识外部（环境）及内部（人自身）的有限性（Limitation），以一种"自上而下"的眼光来理解环境问题的系统性：环环相扣的生产—消费线性模式是环境问题的根源，因而对具体的产品以及产品所依赖的材料的干预难以撼动这一模式的根基。设计师们可以创造对普通人具有吸引力的社会文化场景来推动这种线性模式的根本变革。如此，曼奇尼与他在米兰理工大学的团队开启了对服务以及产品服务系统的全面研究。

2. 服务与产品服务系统

1982 年，美国银行家 Lynn Schostak 发表《如何设计一种服务》一文，这被视为"服务设计"的起点，之后服务设计在管理、营销等商业领域受到重视。20 世纪 90 年代初期，曼奇尼以其敏锐的直觉意识到"服务设计"的重要意义，并将其引入学术研究。1993 年，曼奇尼发表了"服务设计，产品—服务设计"一文，提出服务设计（或产品服务系统设计）可以满足人们的需求，从而在根本上改变生产—消费的线性模式，并推动环境与社会的可持续转型。此文可以被视为《人造物的生态》一文的后续。同年，曼奇尼指导的两篇以"服务设计"为主题的硕士论文问世，其中之一为 Elena Pacenti 的《服务设计》（Il Design dei Servizi）；1998 年，

Pacenti 完成博士论文《服务交互设计：对服务设计的贡献》(Il Progetto dell'interazione nei servizi. Un contributo al tema della progettazione dei servizi)，在其中开发出一系列服务设计工具，试图探讨服务设计的本质以及服务设计对产业转型的价值。这是服务设计最早期的"学科化"的尝试，而这一过程至今尚未走到终点。1997 年，曼奇尼与 Michael Erlhoff, Birgit Mager 共同编著了《服务需求设计》(Dienstleistung braucht Design) 一书，总结了米兰理工大学、多姆斯学院以及德国科隆大学在服务设计领域内的理论与概念性研究。2004 年，米兰理工大学、多姆斯学院、科隆应用科技大学、林雪平大学、卡耐基梅隆大学共同发起成立"服务设计网络"(Service Design Network, SDN)。

在欧洲去工业化以及服务产业快速发展的背景下，服务设计被视为服务经济的重要推动力。然而，曼奇尼关注的重心并不在于其潜在的商业运用价值，而是将服务以及产品服务系统视为朝向可持续发展转型的关键策略。从 20 世纪 90 年代到 21 世纪初期，曼奇尼的研究主要围绕"环境可持续"与"产品服务系统"展开。如 1994 年发表的《设计，环境与社会公正：从"最低生存标准"到"最高质量"》中，他认为环境问题在当时已经成为系统性问题，与社会、经济、政治以及道德问题紧密交织，在工业化国家带来了结构性危机，必须从发展模式的角度来探讨环境问题。这一观点，远远超出当时设计领域内的主流认知与实践路径。20 世纪 90 年代初期，基于产品本身的环境友好型设计 (Environmental Friendly Design) 开始成为设计的潮流之一，绿色设计与生态设计在欧洲方兴未艾，但显然，满足需求而非提供产品，被曼奇尼视为更有可能走向环境可持续的路径。

2002 年，曼奇尼与 Carlo Vezzoli 等为联合国环境署撰写了《产品服务系统与可持续性：可持续解决方案的机遇》的研究报告，其中对产品服务系统作出了定义：产品服务系统是"创新战略的成果，该战略将商业设计和销售产品（实物）的中心转移到提供产品和服务的系统上，这些产品和服务能够共同满足特定应用的需要"。为消费者提供"解决方案"，其中既包括了实物产品部分，也包括了非实物的服务部分，在解决问题的同时，减少了对产品的大量消费与制造，最大化产品在生命周期内的使用频次，从而从根本上减少环境压力，与此同时，由于服务可以带来生产者与消费者的长时间互动，因此也可以为生产者带来稳定长久的产销关系，进而保持商业模式的可持续运营。在这本研究报告中，列举了一批新兴案例，包括清洁剂灌装服务、汽车租赁、共享办公室等。从今天来看，这些商业模式已经司空见惯，甚至有若干独角兽企业已经历经兴衰,但在20年前,从设计视角出发,对其进行梳理、分析,并从中推理出设计介入的方法与工具,体现出曼奇尼对设计创新的高度前瞻性。

3. 战略与系统

显然,产品服务系统的设计,已经超出了传统上人们理解的设计。在曼奇尼看来,以"产品—服务系统"替代"产品",以提供"解决方案"替代生产"产品",是一种战略上的转型及系统性的创新,并且必须在组织层面上方得以实现。在这种情况下,传统的设计知识难以实现这一目标,战略设计(Strategic Design)就是走向"可持续转型"的必经之路。1999年,曼奇尼发表了《可持续性战略设计:实现产品与服务的新组合》,并且在米兰理工大学开设了"战略设计硕士"(MDS,The Specializing Master in Strategic Design)项目。该项目为跨学科项目,由设计学院与管理学院共同开设,并与大量欧洲企业建立伙伴关系。教学内容包括四大板块:设计(意大利设计史、产品服务系统、服务设计、社会创新、设计方法)、管理(战略管理、营销、技术管理、项目管理、创业与初创企业发展)、交叉领域(创新管理、战略设计、设计思维、商业模式),以及能力发展(跨文化融合、演示策略、团队管理、战略叙事等)。可见,尽管曼奇尼带有强烈的理想主义个性,但始终保持了坚实的现实主义作风。在设计从相对传统的1.0和2.0,走向更为复杂和抽象的设计3.0与4.0时,设计学科需要拓宽自身边界,或者说,大胆与其他学科进行融合与协作,如此才能从工具价值走向意义价值,成为创新的引领者。

4. 社会创新设计

在21世纪前后,曼奇尼教授领导其研究组在欧盟等国际组织的支持下,开展了一系列以"社会创新"为主题的设计研究。包括高度定制化解决方案(HiCS,Highly Customerised Solutions,由欧共体增长计划支持,2001-2004)、新兴用户需求(EMUDE,Emerging User Demands,欧共体第六框架项目,2004-2006)、寻求替代方案(Lola,Looking for likely alternatives,欧盟消费者市民网络项目,2005-2006)、可继续生活方式的创意社区(CCSL,Creative Communities for Sustainable Lifestyles,联合国马拉喀什进程项目,2006-2007)等。这一系列项目标志着曼奇尼的研究重心全面转型,社会创新设计呼之欲出。

在对产品服务系统进行设计的过程当中,"用户",或者说"人"这一要素呈现出前所未有的重要性。与传统的产品设计—制造—销售的线性流程相比,产品服务体系需要用户与产品—服务供应商的多次互动,除了产品—服务本身的各种特性(如产品力、性价比、便利程度等)之外,用户是否具有足够的意愿接受这一新的解决方案,是否能够容忍创新初期不稳定的系统,都是系统成功的关键要素。因此,设计由产品向服务的转型,正是从"物"向"人"的转型。而"人"从来都不是标准化的个体,人处于社会之中,由文化塑造,朝向可持续的转型,必然要求人的变化,社会创新是可持续转型的必要前提。

二、设计如何社会创新

从设计师的社会责任出发,曼奇尼以环境可持续为目标,融合服务设计的理念与方法,通过一系列的项目来探讨如何通过产品—服务体系的设计,实现设计学科的逐步转型。在这个过程中,他意识到可持续的转型在根本上是人以及社会的转型,因此,研究的重心再次发生变化。而进入到社会创新设计之后,最开始的"why"已经无需重复,"what"亦可以被精炼地定义为"以社会创新为目标"的设计,但更困难的是回答"how",即如何为社会创新做设计。在进入21世纪之后的20余年间,这一主题是曼奇尼所有研究的重心。

1. 面向可持续未来的场景设计

1994年,曼奇尼及其领导的研究组承担了欧共体环境与气候计划框架内研究项目"朝向可持续家居生活的战略"。1998年,作为项目研究成果之一的《可持续家居生活场景》一文发表,其中,曼奇尼首次提出了"设计导向的场景"(Design Oriented Scenario, d.o.s),并和未来研究(Future Study)中更为常见的"政策导向的场景"(Policy Oriented Scenario, p.o.s)相区分。"场景设计"从此成为社会创新设计的重要方法论。

"场景"(Scenario)以及由此逐步发展起来的战略研究方法始于20世纪50年代。第二次世界大战后,兰德公司的赫尔曼·卡恩开创了"未来现在"(Future Now)方法论,研究"假设的事件序列,旨在吸引人们关注随意的过程和决策点",他首创采用细节分析辅以想象并生成报告，模拟未来人类的视角。作家 Leo Rosten 认为，这恰恰像好莱坞电影制作时采用的术语"场景（Scenario）"，此后卡恩正式将"场景"引入未来研究。由于"可持续性"（Sustainability）迄今为止都是人类努力争取的未来，因此，可持续研究与未来研究紧密相联。

曼奇尼认为，面向未来的场景研究具有三个特征：多元假设（Plurality of Hypothesis）、叙事性（Narrative Form）、采用预测法（Forecasting）或反推法（Backcasting）。他认为，常见的"场景"基本上是"政策导向"型，主要目标是服务于决策，其场景所处的系统边界往往是清晰且可控的，关注宏观趋势，旨在向公众表明不同政策选择可能产生的影响。与之相对，"设计导向的场景"（Design Oriented Scenario, d.o.s）有明确界定的角色，可能是某家企业，可能是某个用户，相较而言，表达的内容更加微观，试图展现微观层面的变化对宏观系统可能产生的影响。

《可持续家居生活场景》一文是曼奇尼将"场景"用于"社会创新设计"的首次概括。之后，他指导的博士生 Simona Maschi 在 2002 年完成了博士论文《设计过程中的场景》，对场景设计的理论框架、实践应用、类型、方法进行了梳理。2003 年，曼奇尼出版了《可持续的日常》（Sustainable Everyday）一书，集中展示了在联合国环境发展署支持下的一系列研究项目的成果，同时，这也是他倡导的"设计导向的场景"的完整呈现，可以被视为是社会创新设计最初阶段的代表性成果。

《可持续的日常》将场景定义为"近未来"（Near Future）中的世界都市（Worldwide Metropolis）中的日常生活，实际上，它呈现了欧洲、亚洲、南北美洲等多个不同国家的设计院校所做的案例。尽管探讨的是"可持续性"这一宏观且抽象的议题，但其出发点体现了鲜明的"设计"特征：微观层面、用户中心。从居住、工作休闲、自主社区、交通、食物、共生空间、人居环境、使能平台、合作网络、微型企业等十个主题，展现当下的社会问题的替代性解决方案（Alternative）。例如，在食物板块，收录了来自广州美术学院提供的案例"烹饪无忧"（Trouble-free Cooking），描绘了热爱烹饪但工作繁忙的年轻人，通过网络订购预处理的食材，在家轻松下厨的场景。很难判断 2003 年的普通民众对这类场景是何反应，但该书呈现的大量"未来"场景，在 20 年后已经成为日常生活，如定制巴士、多功能共享空间、社区厨房等，显示出面向可持续未来的场景设计的巨大价值（图 3-5）。

[第三章] 社会创新与社会创新设计

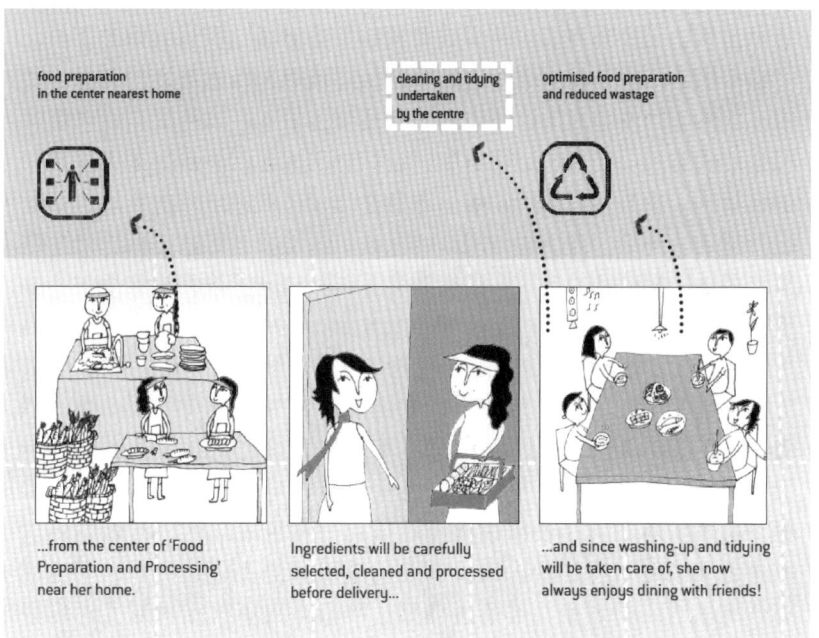

图 3-5
《可持续的日常》中的案例之一：
WE LOVE COOKING，Trouble-free Cooking

在未来研究领域，通常有定量研究和定性研究这两种途径。定量研究依赖复杂的数学模型，但由于人类社会的复杂性，纯定量研究几乎不可行，需要通过定性研究进行弥补。而定性研究与价值观、文化变迁及制度特征息息相关。曼奇尼认为，"看见当下"是预测未来的前提，设计师在构建场景时，必须提出愿景、提案、动机这三要素构成的基本框架，同时需要体现多元性、可行性/可接受性、微观、视觉表达以及参与性这五个基本要素。

对曼奇尼而言，"设计导向的场景"的目标不仅仅是预测未来，更是形成"共同愿景"（Shared Vision）的重要工具。在他看来，从场景的提出，到未来的实现，是一个复杂的社会学习过程，不同的社会角色通过对话与博弈，最终实现可持续的未来。而对话，就必须是两个以上的角色才能进行，如此，社会创新设计，必定是参与式的设计。

2. 公众参与的设计

实际上，《可持续的日常》一书是米兰三年展中同名展览的目录册。对曼尼奇而言，社会创新设计中的场景设计，仅仅是一个开始，

- 059 -

这个工作由设计师完成,并且成为发起社会对话、探讨共识的工具。"每个展出地点都是一个对话的场所,将情境传播给当地的利益相关者,收集新的本地案例,通过本地使用者的投入,从而提高对情境可行性的理解。"在这个过程当中,设计师已然超越了传统的工作室中的设计师,成为设计师行动者。展览并非设计最终成果的展现,而是设计行动的开端,即通过与观众的互动,激发社会影响,建立社会联系,并以"设计师的方式"进行社会实践。这一阶段最具代表性的案例是"哺育米兰"(Feeding Milan, Nutrire Milano)项目以及稍后的平行项目"崇明岛生态社区"(图3-6)。

"哺育米兰"是由意大利慢食协会和米兰市政府共同支持的项目,于2006年启动,目标是推动米兰南部周边农业地区进行可持续转型。在项目的第一阶段,大量运用了以场景为基础的模型、视频、故事板等工具,使得设计师可以用一种可视化的、清晰的方法与市民及农民进行讨论。设计师在前期研究的基础上,提出可行的替代方式、设计场景,并通过模型、视频、故事板多种形式对场景进行表达,之后组织工作坊,邀请农民、市民、其他利益相关方等进行讨论,对场景进行修改、选择,并最终促成一系列小型本地化项目的实现,如农夫市集、蔬菜配送、面包链,等等。2008年,同济大学在上海发起"崇明岛生态社区"项目,采用了与"哺育米兰"相似的方法论,尽管社会背景存在较大差异,但最终实现了相似的目标:以当地居民/市民为主体的小型项目落地并实施,并共同推

图3-6
崇明岛生态社区项目第一期暑期国际工作坊模型,2009年

进了区域性的整体转型。这一"以小促大"的方法,也被形容为"针灸式"设计。

作为当代最受重视的设计方法之一,参与式设计广泛地运用于各种设计活动当中,涵盖了产品、服务、空间等领域的设计,同时也覆盖了以营利为目的的商业设计,以及不以营利为目的的社会设计。可以说,参与式设计并非都属于社会创新设计,但社会创新设计必定都需要采用参与式设计。在与曼奇尼相关的大量设计实践中,在设计全流程中采用参与式设计,同时探索出完整的方法论,并以一系列工具包进行支持的项目,是其博士生 Giordana Ferri 参与创建的"意大利社会住宅基金会"(FSH)实施的系列社会住宅项目。

3. 自下而上与自上而下的协同设计

曼奇尼本人具有专业的设计教育背景,同时亲身经历了当代意大利设计的黄金时代,在意大利的设计领域,包括设计教育领域,具有巨大的影响力。但作为设计精英,在逐步形成其"社会创新设计"的理论之时,将"分布式设计能力"(Diffused Design Capacity)视为这一理论的基础,认为社会创新设计必须通过自下而上的设计(大众设计)与自上而下的设计(专家设计)的"社会对话"才得以向前推进。

这一方法的最初实践起源于 2004 年的研究项目"可持续解决方案的新兴用户需求"(Emerging User Demands for Sustainable Solutions, EMUDE),该项目为欧洲委员会第六框架计划的支持项目。该项目以两本书呈现研究成果,第一本为《创意社区:发明可持续生活方式的人们》,收录了由欧洲多所设计学院在本地所发现的真实案例,这些案例都以一种非常规的"替代方式"解决人们的日常问题,是可持续生活方式的具体实践;第二本为《协作式服务:社会创新与可持续设计》,是在第一本书收录的案例的基础上进行设计干预,通过设计"使能系统"(Enabling System),使得分散式的、小规模的、本地化的创新实践得以复制和推广。

以第一本书收录"家庭托儿所"(Nidi in casa)的案例为例,真实的案例始于 1999 年,米兰南部新城 San Donato 由于人口增长,政府无法提供充足的托儿所(意大利为 3 个月至 3 岁之间的婴幼儿提供公立托幼服务)。因此,San Donato 的住宅合作社与米兰市政府合作,挑选一些全职妈妈(尤其是新移民)成为保育员(Childminder),除了自己的孩子之外,保育员还可以在自己的住所内接收最多两名婴幼儿，地方政府负责对保育员进行培训和监督。家庭托儿所既可以解决公立服务不足的问题，又可以为全职妈妈提供收入来源，由于其接收的婴幼儿往往来自同一个社区，极其便利无需通勤，因此，在社会、环境、经济层面都是多赢的解决方案。

然而，这类服务面临的最大挑战是信任的建立，在此基础之上，从个例转变为标准化的公共服务。第一个面临的挑战是，家庭托儿所如何能够实现和常规公立托儿所同样的服务质量，安全、可靠，保障婴幼儿的健康及身心成长。为了解决这个挑战，设计师进行了服务系统的设计。在第二本书《协作式服务：社会创新与可持续设计》中收录的"迷你托儿所"的场景中，设计师对"使能系统"进行了解释和视觉呈现，包括将服务提供者（组织者）界定为"国家儿童组织"（National Childhood Organization），其开发了一个全国性平台，帮助家长寻找附近的托儿所，或者全职妈妈通过平台申请开设托儿所，如此实现供需的对接。此外，为开设托儿所的家长提供工具包以及培训，对托儿所所在的家居环境进行相应改造，使其能够达到提供服务的标准（图3-7）。

从第一个真实案例与第二设计案例的差异来看，设计师为"社会创新"提供的设计主要是：①使个性化的服务标准化，包括统一培训、工具包、环境的统一改造、为保育员与家长提供沟通平台，使得基于私人信任关系的服务转变为由权威机构提供监督与保障的标准服务；②使得本地化的服务得以可复制，进而扩大创新的数量与范围，包括建立线上信息平台，如此增加潜在的服务提供者与需求者，并高效促成配对。这是典型的服务设计，也是典型的由设计师支持的，使得"社

图3-7 迷你托儿所的使能系统设计（来源：《协作式服务：社会创新与可持续设计》.)

会发明"成为"社会创新"的设计。在大部分社会创新的情况下，设计师们都无需从 0 开始，而是探讨如何以设计的方式使 1 到 10。在曼奇尼的里程碑式著作《设计，在人人设计的时代》中，他将这个过程描述为："（设计）发生在开放式的协同设计过程当中，不同的行动者以各种方式参与其中……设计专家的作用就是发起和支持这些开放式的协同设计，利用他们的设计知识去构思并优化出轮廓清晰、目标明确的设计活动。"

4. 空间与关系的融合

通过复制的方式，使得小型的本地化项目实现规模拓展，其前提是这些项目处在一种开放且互联的情境下，如此可以实现乘数效应。曼奇尼将小型（Small）、本地（Local）、开放（Open）、互联（Connect）这四个社会创新的特征总结为 SLOC 情境（场景）。实际上，无论是《可持续的日常》，还是"可持续解决方案的新兴用户需求"项目中收录的各种替代性解决方案，都涉及交通、食物、居住、娱乐等生活中的方方面面，而人们找到的解决当下问题的创新路径，大多依赖于人与人之间的协作。尽管在信息时代，人们的协作能力借助平台获得了极大的扩张（如共享汽车），但日常生活本身，包括衣、食、住、行、玩等，始终发生于物理空间当中。在信息技术渗透至日常生活的方方面面之时，曼奇尼对于 SLOC 情境的倡导，甚至带有一种现象学式的审问："人的协作是否依赖于物理性的接触（或交互）？"这也将"可持续"的内涵推进到另一个层面：除了环境可持续，即自然环境支持人类社会的延续与发展这个层次之外，人类社会本身是否可持续呢？当前在西方占据主流的新自由主义对作为"整体"的"社会"从无好感，但在个体自由得到前所未有的扩张的信息时代，个体的福祉是否同步得到了提升呢？

曼奇尼从一个特定的主题出发来试图回答这个问题，这个主题是"关爱"（与"照护"）。近年来，他的研究兴趣始终围绕这个主题展开，并且因新冠疫情而似乎找到了答案：作为不得不经历漫长婴儿期与衰老期的人类，必然在某段时间内依赖他人的"关爱"（与"照护"），而"关爱"（与"照护"）所需要的人际互动，不仅是功能性的（或工具性的），还应当是关系性的。如此，个体才能获得更好的福祉，而更好的福祉，才是可持续的社会应当追求的目标。

这是信息时代才会出现的议题，发生在虚拟空间中的互动越来越多地超越物理空间中的人际互动。在人类与机器、有机物与无机物快速融合的赛博世界中，人类、后人类与超人类共存，人类在未来将走向何方，可能在当下还难以作出判断。但是认知科学的大量研究表明，人是"具身心智"的，如果"身体"不参与与世界的互动，就无法认知世界，那么，将自我隔绝于虚拟空间中的个体是不完整的，孤独对自身有害，孤独更瓦解社会。而发生在物理空间中的人际互动，正是抵抗孤独的基本方法。在对"关爱"议题的探讨中，曼奇尼显现出强烈的人文主义关怀，这也是他几十年如一日关注社会创新与可持续议题的根源。同时，他也是现实主义的，在直面这一哲学问题时，他的出发点仍然是"设计师式"的，即设计师可以通过类似服务设计的方法，将人的行为、人与人的互动与空间相结合，进而使"空间"转变为"地方"，将空间设计转变为关系设计，实现空间与关系的融合。设计可以带来亲近。互相亲近的个体才能创造可持续的社会，与此同时，可持续的社会才能为个人带来更好的福祉。在这里，曼奇尼已经明确意识到，社会整合与社会创新之间有着密不可分的关系。

三、社会创新与可持续设计网络（DESIS network）

作为欧洲人，曼奇尼反对"西方中心主义"，并且身体力行国际主义，其足迹遍布五大洲。早在 2000 年，他受邀担任香港理工大学设计学院首席教授时，就不断寻求与中国各个设计院校的联系与合作，在《可持续的日常》中，收录了香港理工大学、广州美术学院、湖南大学与清华大学的设计案例。这个项目也被曼奇尼视为是一个设计院校的网络。2009 年，他发起成立社会创新与可持续设计网络（DESIS network），来自亚洲、非洲、欧洲、北美洲、南美洲、大洋洲的五十多所设计院校参与其中，中国区的六所院校成为最早的成员，并且还在不断接纳新的成员，如今已达到 68 所。DESIS 本身为非营利网络，也未获得任何经费的资助，纯粹靠研究人员对社会创新与可持续设计的热情来组织各项活动。一方面，网络的组织是轻量的，依靠志愿者维护网站，不断更新各个 DESIS 实验室的最新案例与动态，同时以邮件组的形式组织线上的小型研讨会；另一方面，依托 CUMULUS（全球传媒、艺术与设计院校联盟）大会、服务设计大会（SerDes）等国际性学术活动，组织 DESIS 论坛板块，促成深度的线下交流。

社会创新设计尽管起源于欧洲，但对于我国同样有着强大的现实价值。近年来，我国已经在不断推动朝向"多元共治"的基层社会治理格局，在"共治共建共享"的理念指导下，全国各地都在探索新的社会治理模式。《中华人民共和国国民经济和社会发展第十四个五年规划和2035年远景目标纲要》中强调，社会治理的重心下沉，各类公共服务进入社区，发挥群团组织和社会组织在社会治理中的作用，其本质正是激发自下而上的创新能力，通过普通人的积极参与，多方协作，共同解决个性化、精细化、高质量的日常需求。前文提到的"家庭托育"案例，在20年前或许过于前卫，但2023年，国家卫生健康委颁布了《家庭托育点管理办法（试行）》，似乎表明人类社会的发展进程有本质上的相似之处，人们尝试解决社会问题的方法也有相似之处。在前人的肩膀之上，社会创新可以为设计师带来无限的灵感；而设计师参与社会创新，既可以使自己成为知行合一的实践者，也可以为他人的福祉贡献寸丝半粟。

[第四章]

社区设计

社区，在中文中常常和很多其他术语相互联系，如街区、小区、社群等。在英文中，社区"community"更是社会学的核心概念之一。而滕尼斯1887年的著作《Gemeinschaf und Gesellschaf》，中文的译名就有《社区与社会》以及《共同体与社会》两个不同的版本。一个多世纪以来，有关社区的研究汗牛充栋。在"社区"被理解为"共同体"时，人们对其的研究往往被视为是对"本体论"式的研究，关注的是社会整合的问题，即单独的个体如何能够形成一个整体。但是，在社会学中还有另一种研究角度，即从方法论的意义上，将社区视为社会的一个单元和切入点，从而用以小见大的方式来理解社会，即"在社区里研究"。

社区的定义，在英文与中文中均有成百上千种说法。简而言之，可分为两个大的类型，一是强调其"共同体"的内涵，即社区的内部成员，有着相似的价值观和高度的内部认同，成员之间遵守着共同约定的行为规范，如传统村落是这一类型社区，宗教群体也可被视为一个社区，现代社会中基于价值观、相同的兴趣爱好等而组成的群体，也可被称为社区。这一类型社区可以超越空间的约束，在进入互联网时代之后，越来越多的人因为网络的连接而组成"虚拟社区"。

二是强调空间属性，即人们共同居住、生活的某个特定空间，可被叫作社区。从这个角度可以理解为小区、住区或邻里等，无论社区内的居民之间是否存在着高度的互相认同。

在我国，社区还有行政管理的一层含义。根据《中华人民共和国宪法》规定，我国行政区域基本上划分为三级，即省（自治区、直辖市）、县（自治县、市）、乡（民族乡、镇）。街道是"县、县级市、市辖区"为了社会管理的需要而设置的一个管理区域，并非法定的乡级行政区划，不具备独立设置国家机关的资格，没有街道党委、街道人大、街道政府等行政部门设置。为了更好地提供基层公共服务、推进基层治理，县级党委（县委、区委等）会在街道派出一个工作机关，即街道党工委，履行领导职责；县级政府（县政府、区政府等）也会在街道派出一个工作机关，即街道办事处，简称街道办，负责各项行政工作。简单来说，街道党工委类似于乡镇党委，街道办事处类似于乡镇政府，后者是行政机关的组成部分，代表县级政府对辖区行使社会治理、城市管理的职能，提供相应的公共服务。

城市中的街道与乡镇对应，而社区则是与行政村对应。一个街道会下辖若干个社区。相应的，社区也会有自己的组织机制：①社区党支部，是党在社区的基层组织，领导社区的各类组织和各项工作，在街道党工委的指导下开展工作。②社区居委会，这是社区居民委员会的简称，是社区居民自我管理、自我教育、自我服务的基层群众性自治组织，在街道办事处的指导下开展工作。同时，我国城市中的社区，与居住小区并非一一对应，如果一个小区居住人口众多，往往其中会有若干个社区居委会承担最基层的治理与服务工作，也有一个社区居委会对应若干居民小区的情况。

在社会学研究中，第一类型的"共同体"社区与第二类型的"地域"社区往往会深度联系，研究者们试图理解流动的、异质的、仅有地域联系的（地缘）人们，是否有可能成为一个"共同体"。在以社区为出发点研究社会问题时，往往也会探讨，是否有可能通过建成"共同体"的方式，来解决社会问题。从我国社会治理的角度来看，也通常会进入这个深水区。

在展开社区研究时，需要时时理解，在什么情境下，再用何种方式"理解"社区，是精神层面的，还是空间层面的，抑或是行政层面的。

社区研究以及基于研究的"为社区设计"具有重要的现实价值，根本原因在于我国将"社会治理"视为国家治理的重要组成部分，而宏观的社会治理往往会从城乡社区这一微观单元入手。在这个意义上，无论是社会学还是设计学的相关研究与实践，都可被视为"在社区里研究"，此时的"社区"侧重空间层面，同时，如果涉及公共事务的话，往往也会与"社区居委会"产生联系。

第一节　社会治理与社区治理

我国在社会政策方面，经历了从"社会管控""社会管理"到"社会治理"的不同阶段。新中国成立初期，我国面临着国内国外的巨大挑战，国力羸弱，面临巨大的社会问题，因此，我国采用了全能主义的方式，全面控制社会资源，进行深入彻底的社会改造，如解放妇女、普及教育、禁毒禁娼等，以自力更生的方式进行现代化经济建设。通过单位制、户籍制度和人民公社制度等制度管理社会，自上而下地将城乡居民统一整合进国家的严格管控体系之中。这种管控模式实现了翻天覆地的社会变革，快速将一盘散沙的几亿人口凝聚成具有强大组织力的新社会，巩固了国家政权，但同时也压缩了社会活动空间，导致社会活力的丧失。

改革开放以后,为推动经济发展、调动一切积极因素发展生产力,党中央开始探索新的社会管理模式,放松对社会领域的管控。以村民委员会、居民委员会为代表的基层自治制度逐渐取代人民公社制度、单位制等管控制度,严格控制人口流动的户籍管理制度得到调整,人口流动快速增多,社会发展活力初步得到释放。在经济快速发展的同时,社会矛盾也在急剧增加,如城乡对立、贫富分化,民生保障严重滞后等。1993年11月,《中共中央关于建立社会主义市场经济体制若干问题的决定》提出,要"加强政府的社会管理职能,保证国民经济正常运行和良好的社会秩序"。这是党中央文件中首次正式使用"社会管理"概念。2002年11月,党的十六大报告将"社会管理""公共服务"与"经济调节""市场监管"并列确立为政府的四项基本职能,进一步强调了政府的社会管理职能。

伴随着经济的高速发展,社会结构发生了深刻变革,社会分化程度加剧。在这种情形下,党中央将构建和谐社会纳入社会治理的目标体系之中。2004年9月,党的十六届四中全会首次提出构建社会主义和谐社会的任务,初步设想了"党委领导、政府负责、社会协同、公众参与"的社会管理格局。2005年2月,胡锦涛同志在省部级主要领导干部专题研讨班上首次提出中国特色社会主义事业"四位一体"的总体布局,明确将社会建设与经济、政治、文化建设并列设为现代化建设的目标,标志着社会建设被提高到与经济、政治和文化建设同等重要的地位。与之相对应,社会管理创新实践也得到快速推进,全国各地涌现出大量社会治理创新实践。2011年9月,中共中央、国务院印发《关于加强和创新社会管理的意见》,"加强和创新社会管理"成为社会领域的重点工作,中国社会治理现代化得到进一步推进。2012年11月,党的十八大报告提出要"在改善民生和创新管理中加强社会建设"。社会管理创新成为这一阶段我国加强社会建设工作的热词。

2013年11月,党的十八届三中全会审议通过的《中共中央关于全面深化改革若干重大问题的决定》(以下简称《决定》)明确提出,"全面深化改革的总目标是完善和发展中国特色社会主义制度,推进国家治理体系和治理能力现代化"。自此以后,推进国家治理现代化就成为国家的重大战略任务,其反映到社会领域就是要推进社会治理现代化。《决定》还鲜明提出要"创新社会治理体制"。这是党首次在中央全会中使用社会治理的概念,正式以"社会治理"取代了"社会管理",反映出在新的时代背景下,社会经济结构与社会主要矛盾发生的深刻变化推动了党中央执政理念的深刻变化。与"社会管理"阶段相比，社会治理目标、治理主体与治理方式实现重大更新优化。在治理目标上，从注重维护社会稳定转变为更好地满足人民对美好生活的需要；在治理主体上，由党政权威主体治理转变为政府、市场、社会与公众等多元主体共同治理；在治理方式上，由原来更多依靠行政力量转变为系统治理、依法治理、源头治理、综合施策。2019年10月，党的十九届四中全会明确提出建设"人人有责、人人尽责、人人享有的社会治理共同体"。

总而言之，在我国，社会治理是指在执政党领导下，由政府组织主导，吸纳社会组织等多方面治理主体参与，对社会公共事务进行的治理活动，是以实现和维护群众权利为核心，发挥多元治理主体的作用，针对国家治理中的社会问题，完善社会福利、保障改善民生，化解社会矛盾，促进社会公平，推动社会有序和谐发展的过程。人民立场，基于问题，民生导向，多元协作，是社会治理的基本要素。

在中文语境下，社会设计的目标与社会治理一致，即以设计的理念与方法参与社会治理，通过社会参与、多元协作的方式，发现社会问题，提高社会福祉，促进社会和谐。由于我国人口众多，城乡差异、地域差异巨大，因此，研究者往往会选择具体的社区入手，针对特定空间内的特定群体进行深入研究，分析问题，提出解决方案，这就是"社区设计"的具体内涵。

第二节 从"单位人"到"社区人"

在我国经历社会管控、社会管理与社会治理的过程中，普通个体经历了从"单位人"到"社区人"的变化。

新中国成立初期，我国确立了以街道办事处和居民居委会为基本组织形式的城市基层社区组织模式。在这种街居制中，街道党委和街道办对于街区的控制处于垄断性地位。20世纪60年代，随着"单位制社会"的形成，街道资源近乎全部纳入单位，街居仅能控制缺乏就业能力的老年妇女、残疾人及其他零散社会成员，不具有真实行政权力。"文化大革命"中随着知识青年上山下乡，街居体制进一步被削弱。改革开放后，经济社会结构发生了巨大变化，人们渐渐离开"单位"，各种"体制外"经济主体出现，社会问题也逐渐增多，街居体制作用重新得到重视。但受到体制限制，很多问题难以解决。1986 年，民政部提出开展"社区服务"的要求，并第一次提出了"社区"这一概念。1991 年，民政部提出"社区建设"的工作目标。

实际上，我国直到 20 世纪 90 年代初期，城市社会主要是由一个个企事业单位构成，国家通过单位来管理社会。在这种情形下，城市社会成员大多属于"单位人"，个人如果在居住地出现这样或那样的问题，也是通过单位出面来解决。在这种企事业单位办社会的体制之下，各个单位具备了居委会所有的功能，很多单位都拥有附属幼儿园、小学、中学、医院、食堂，企业为职工提供宿舍，甚至为单身职工介绍对象，操办婚礼，职工家庭内部矛盾或邻里冲突，往往会到单位"告状"，由单位领导出面解决。城市居民的最理想的出路就是进入一家单位，成为"单位人"，从此之后，生老病死都由单位托底。

随着我国改革开放的深入，传统的单位制开始动摇，政府、单位的职能也随之发生了很大变化。城市人完全依附单位的局面被打破，社会成员由完全依附单位的"单位人"逐渐向较为自由的"社区人"和"社会人"转变。单位办社会的格局被打破，大量与业务无直接关联的附属机构被撤销，如学校、医院等与常规学校、医院合并。尤其是大批国企改制、破产后，人员快速流动，在经营效益的压力之下，员工的非生产需求被全部推向社会。由此，人们居住的社区代替了工作的单位，成为容纳日常生活的主要空间。

与此同时，住房制度的改革也加剧了"单位人"向"社区人"的转变。1998 年，我国的住房商品化改革进入全面启动阶段，单位分配住房的制度被打破，"福利分房"制度走向终结。之前获得单位福利房产权的居民可以在市场上自行租售已有房屋，单位大院开始变成杂居小区；无房居民也需要在市场上购买或租赁房屋，商品房小区开始取代单位大院，成为主要的居住空间。在这种情况下，平地而起的小区一开始就是"陌生人社会"，居民来自天南海北，有各自不同的社会背景和工作单位。在房价尚未高度分化之时，商品房小区的居民的经济收入、社会地位以及生活方式也都呈现极高的异质性。

在社会结构不断变化，贫富差距快速拉大之时，社区也就成了社会问题的集中爆发的区域，如公共空间的衰败，养老托幼设施的匮乏，人员快速流动导致难以建立稳定的邻里关系等。在超大型与大型城市中，职住分离普遍，通勤压力巨大，人们的生活幸福感也难以提高。

第三节 芝加哥学派与城市社会学

提到社区研究,就必须从美国社会学的芝加哥学派谈起,可以说,芝加哥学派创造了社会学的社区研究方法。芝加哥学派以美国城市芝加哥的兴起为基础。1840年,芝加哥还是个仅有4000多人的小镇,到1890年,其人口就增长至100多万,1930年则超过了300万。移民的大批到达使得城市人口剧增,极大地改变了美国的社会结构,并带来严重的城市社会问题。它的人口十分混杂,1900年,其人口的一半以上是由外国移民构成的,这赋予芝加哥以鲜明的文化多样性;受到新教的影响,它还是一座文化与艺术之城,极为推崇教育;同时,它也是一座现代城市,经历了1871年的大火之后,芝加哥耸立起了美国第一批钢筋混凝土建筑。丛林社会使得芝加哥的贫困、人口拥挤和犯罪逐渐变得和伦敦、曼彻斯特一样显著。可以说,这是孕育社会学的最佳土壤。

1892年,芝加哥大学成立了美国第一个社会学系。其后,大批社会学学者逐渐汇聚过来,并形成了以罗伯特·帕克教授为核心的教学研究群体,这就是今天人们所说的芝加哥学派。该学派的研究领域包括社会学理论、社会心理学和社会统计学等,但最引人注目的是它对城市社会的研究。在帕克等人的大力推动下,芝加哥学派对城市社区进行了广泛而深入的研究,从而为社会学的重要分支——城市社会学提供了理论框架和方法论基础。芝加哥大学也成为美国社会学的发祥地。

芝加哥学派研究城市社会学的着眼点首先是城市结构,关心的是土地利用模式和人口与机构在城市社区里的分布状况。例如,不同人群住在城市的什么地方,为什么有些群体处于居住隔离状态,社区是如何移民、增长和衰落的。芝加哥学派也关心城市的生活方式,因为城市的人口多、密度高、异质性大,其生活方式与农村截然不同。城市中人们的亲密程度降低,人际交往有了更多的非人本性,具有强烈工具性和目的性。专业化、正式的社会控制(警察替代舆论)、社会距离与竞争、居住隔离等方面都体现了社会关系从传统到现代的变迁。可以说,芝加哥的兴起过程,正是现代社会的成型过程。与芝加哥城市同时发展壮大的芝加哥学派,获得了前所未有的研究机会。

芝加哥学派研究城市社会的最重要方法是实地调查。这与学派创始人帕克的经历有关。帕克进入芝加哥大学前很长一段时间做新闻记者,他认为记者的调查采访对社会学研究至关重要。他从自身体验出发，提出研究城市的社会学者要像人类学家研究南太平洋某个小岛上的居民那样，用参与式研究法去描述分析城市的各个区域。在帕克等人的推动下，芝加哥大学社会学系的教授和学生走出象牙塔，对芝加哥城的各个区域进行实地研究，并写出很多关于外国移民、流浪汉、种族聚居区、青少年犯罪团伙、自杀等社会现象的分析报告。

在大量的实地调查过程中，芝加哥学派逐步形成了两种具体研究方法，即个案法和整体法。个案法的理论前提是，一些明显的地理现象如河流、铁路、公路将城市划分成一块块小区域，每个区域的建筑外观、经济水平、人员构成和文化模式都各具特色。个案法就是以城市某一块区域为研究对象，深入了解该地区居民的社会生活，分析其社会运行过程和各种社会现象。整体法以整个城市为研究对象，分析某一种或某几种社会现象在整个城市的分布状况，即哪个地方多哪个地方少。以实地研究为基础的芝加哥学派的社会学理论，与起源于欧陆哲学，侧重思辨与实证研究的社会学理论有着明显的差别。

第四节　社区研究

社区研究是进行社区设计的前提与基础。在社会学领域中，有大量研究方法都被运用于社区研究领域，如基于定量研究的实证研究、定性研究、融合定量与定性的扎根理论等；在定性研究中，根源于人类学研究的民族志方法被大量使用。作为一门相对而言极其年轻的学科，从设计学角度对社区进行研究往往大量借鉴这些成熟的研究方法，同时，研究者们也在探索更具设计学科特色的研究方法。

一、描绘社区

社区研究的第一步，从理解社区的几大要素开始：地域、区位、人口、组织、历史等。

所谓地域，指的是社区所处的地理位置。我国幅员辽阔，位于东、南、西、北等不同地区的城市或农村社区，在自然风貌、季节气候、人文物产、经济发展方面，都有着截然不同的特色。

区位与地域略有不同，更强调该地点与其他事物的空间联系。

[第四章] 社区设计

以北京为例,人们描绘一个社区,往往从所在"区"开始,由于城市发展都会制定相对长期的战略规划,不同的区往往有着较为明确的产业定位,如北京海淀区的高科技与教育定位,密云的生态涵养区定位等;同时,北京的城市建设是由中心向外扩张,因此即便同属于海淀区,也有可能从西三环绵延至西六环,因此,不同的社区所处的位置就与交通系统发生了联系:是否靠近环线?是否靠近城市主干道?周边是否有地铁等(图4-1)。

居民是社区的主体,社区研究需要掌握基本的人口信息,包括常住人口、户数,其中又包括了自有房产的居民与租赁房产的居民;不同年龄段的人口比例,如老年人、成年人、未成年人;性别比例等。在调查人口信息时,应格外重视对弱势群体与特殊群体的信息了解,如独居老人、失独老人、残疾人、失业者等(图4-2、图4-3)。

所谓组织,包含了社区中的正式与非正式组织。社区中的组织构成对整个社区的治理有着至关重要的意义。如社区居委会(有时一个居民小区对应一个社区居委会,有时若干个居民小区对应一个居委会,也有超大型居民小区中设置若干个居委会)、物业公司(有的老旧小区没有物业,有的居民小区中有若干物业公司存在)、社区党组织、社区居民的非正式团体(志愿者小组、书法小组、舞蹈队、模特队……)、社区中的商业机构(底商、房地产中介机构、快递驿站、托管班……)。社区治理往往需要依托这些正式与非正式组织作为最关键的社会资本,社区设计同样如此(图4-4~图4-7)。

图4-1
某社区的区位分析图

社会创新设计概论

社区硬件情况

A 社区共 18 栋居民楼,均为 2000 年前建造,属于北京市划分的老旧小区。房屋类型有低密度六层板楼和四栋高密度 18 层高层公寓。部分板楼已经加装电梯,还有正在进行加装改造的楼。社区内房屋类型及产权复杂,包括原有的社区大院、家属楼、农民回迁房、商品房等。

图 4-2
某社区的环境空间建设基本情况

社区人员

A 社区共有常住 2388 户共 4707 人,其中在户人数 3157 人,流动人口 1130 人约占三分之一。其中老龄人口 975 人。
B 常住人口 2478 人、902 户,居民构成主要以原老厂退休职工为主,约占居民总数的 70%,60 岁以上 500 余人,约占居民总数的 20.18%。

两社区的老龄化皆 20% 以上,社区内保留着一部分单位熟人社会关系网,也有混杂着后迁入的住户及租户;社区早上下午接孩子时段人口流动大,其余时间段老年人在社区中活动占比高。

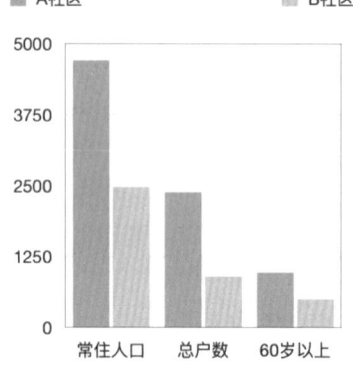

图 4-3
北京市 A、B 两社区的人口构成情况

社区属性

两个社区内部都有居委会,卫生中心等设施位于社区周边。
- 居委会负责社区管理和服务(13 个工作人员)
- 派出所作为政府公共服务部门,负责治安、人员和户籍管理(1-2 位民警)
- 社区卫生中心(承担老年病人慢性病等日常维护、居民的普通疾病治疗等工作)

图 4-4
北京市 A、B 两社区的基本公共服务设施 1

社区属性

A 社区为开放式综合性社区,社区内包括某研究院、邮局等事业单位;停车公司、超市、商业养老机构、第三方社会组织等商业及社会服务机构(社区服务包括家政服务、社区水站、美容美发、家电维修、洗衣店、便民菜站、便民餐馆、便民超市);小学、幼儿园教育机构;以及居委会、社区活动中心、社区卫生中心等。总体来说生活方便公共服务完备。

B 小区为封闭管理,只有一个出入口,需门禁入院。

图 4-5
北京市 A、B 两社区的基本公共服务设施 2

[第四章] 社区设计

社区管理

一年多前该社区就开始了社工包楼工作形式，即居委会工作人员任职为"社工"，每人承包1~2栋居民楼。通过和楼内住户互通电话、共建微信群等方式及时掌握居民需求。其中关键角色有楼长、党员、志愿者等。

包楼制度一方面将楼内关系及资源整合，形成楼内共同体，一方面也通过社工将外部资源输入，通过包楼形成一个高效的沟通、办事渠道。社工通过调动民间和政府的双向资源来完成工作。

图 4-6 某社区的内部组织模式

社区文化

A 社区每月组织为老年人服务日，在社区定点为老人免费修脚、理发，如有不便行动的老人也可提供上门服务（政府财政，居民免费）。每年重阳节、建军节等重要节日，社区都会组织相应活动并且发动不同的单位进行联谊庆祝。如幼儿园、小学、养老院之间的联动等。除此之外还有社区活动节，组织居民运动会等。

B 社区作为第一批开展老旧小区改造的"带头兵"，社区活动丰富，常组织志愿者活动、社区大扫除、垃圾分类讲座、合唱活动等。

图 4-7 A、B 两社区的社区活动组织

社区的历史变迁也对了解社区有着重要价值。在我国，很多社区的前身是某个单位的职工大院，在商品房制度启动初期，也有大量的企事业单位依托开发商集体建房。在这种情况下，可以预见有相当大的一部分居民具有"邻居"之外的社会联系。同时，社会的发展与社区的发展息息相关，如20年前相对偏僻的小区，有可能紧邻高科技园区。了解社区的前世今生，就很有可能快速切入当下的问题。

二、认识社区

在对社区进行快速的摸底之后，就可以进入到深入的调研阶段。这个阶段，可以大量采用社会学的研究方法，如访谈法、问卷法、观察法等。社会研究方法极大地依赖于研究者的技巧与经验，但实践正是磨练技巧、增长经验的唯一路径。同时，在开展与社会问题相关的研究时，也可以大胆开展跨学科合作，与社会学、公共管理学等不同专业的研究人员协作，取长补短，在研究的不同阶段选择不同的合作策略，共同推进相同或相关研究。

但是，在真实的社会实践中磨练研究能力，是无论何时都值得开始的基本功，更是进行社会设计不可缺失的第一步。

1. 访谈法

访谈法是社会研究中最古老、最普遍的研究方法。访谈可以是结构式的，也可以是非结构式的。所谓结构式，是指访谈严格遵守已经设计好的问卷进行，同时，访谈对象应该采用统一的标准抽取，避免出现取样偏差。严格控制访谈问题、访谈过程与访谈对象的优势是便于事后进行编码和量化统计，但却有可能屏蔽大量与问题无关的重要信息，如访谈对象的行为反馈，同时，受访谈员的主观意识和技巧能力影响，进而影响访谈的客观性。

除了结构式访谈之外，非结构式访谈也是大量运用的研究方法。与结构式访谈相比，非结构式访谈自由度大，但更加依赖访谈员的技巧与经验。受过训练并且对研究主题有较深了解的访谈员，可以在自由交谈的过程中，敏锐地挖掘访谈对象提到的信息，一步一步进行深入和延展，同时，在较为轻松自由的情境下，有可能与访谈对象建立起较强的互信关系，形成良好的人际互动，为今后的研究打下基础。但缺乏经验，或者对研究目标把握不够的访谈员，则有可能会在访谈中失去方向，成为纯粹的闲聊，错过获取关键信息的机会。

在进行访谈时，也可以学习借鉴新闻学的基本方法，进行多方交叉访谈。在社区研究中，与社区治理相关的各种问题的矛盾焦点往往在于不同人的利益诉求相冲突。在访谈的过程中，可以有意识地识别利益相关人，如不同类型的居民（业主与租户、老年人与上班族等）、居民群体（如舞蹈队与太极队）、物业、商业机构、公共服务部门（如社区医院），等等。对不同利益相关人的不同角度访谈，需要多方验证，梳理矛盾焦点，深刻理解问题关键。

2. 问卷法

问卷法是社会研究中最常使用的方法，随着移动互联网技术的发展，通过简便的小程序就可以广泛传播并收集答案，与传统问卷法相比，没有人际交往的压力，无需通过自我介绍、建立信任的过程以说服他人填写问卷，因此，格外受到年轻学生的欢迎。但除了常规问卷设计的基本技巧之外，基于社交媒体传播的问卷法最大的缺陷在于取样的代表性，如果仅仅通过自有社交媒体的自然流量推送问卷的话，其结果的真实性、代表性将直接影响对问题的深入分析。为了解决这类问题，可以通过多种方法扩充问卷发放对象，如

[第四章] 社区设计

在线下特定地点进行推送；通过目标群体成员的帮助，有针对性地在目标群体中进行问卷发放（如通过居委会工作人员的帮助，将问卷转发到居民群），等等。

3. 观察法

观察法包括局外观察与参与式观察。局外观察法是研究者以局外人的身份，客观观察事物的基本情况，寻找事物的发展规律，以找到问题所在。如在研究某公园边公共厕所的使用情况时，研究者选取了工作日（周一至周五）以及周末（周六及周日）的不同日期进行实地观察，观察时间从凌晨至深夜，完整记录了在每个不同时间段，公厕的具体使用情况。在观察的过程中，发现了大量细节。如早晚使用高峰分别是早晚锻炼时间（早6点至8点，晚7点至9点），次高峰则是上班高峰期（早8点至9点），在早晚锻炼高峰，同时会有遛狗居民使用公厕，宠物会成为难题；在上班高峰期，会有上班族途经使用，此时，共享单车以及随身包袋的安置会出现困难；在晚高峰，往往会有家长携带异性儿童，这意味着家庭卫生间具有极强的必要性（图4-8）。

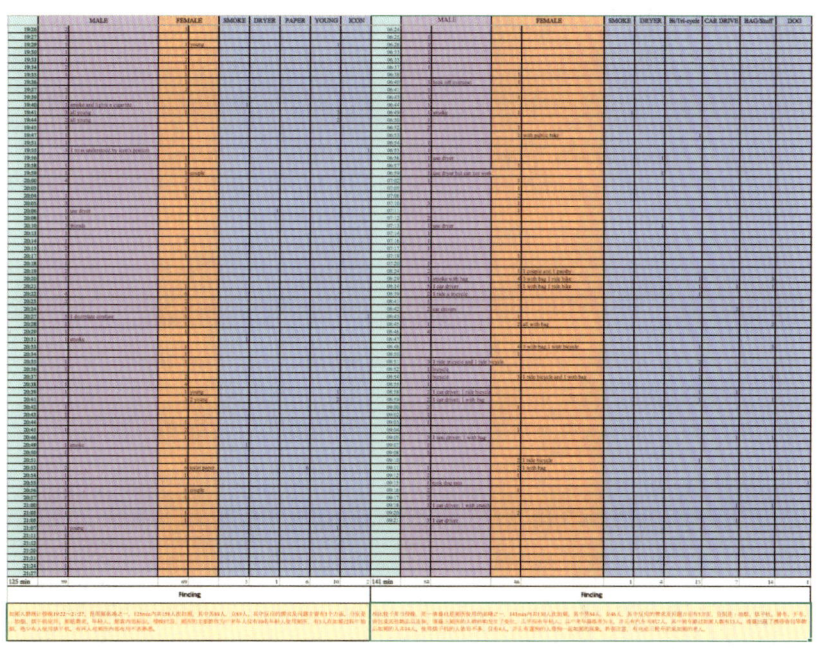

图 4-8
对某公厕使用群体的局外观察记录表

参与式观察则是代入某种具体身份，进入到社区中进行观察。在这种研究方法中，观察者的角色可以被对象所了解（人们知道观察者的身份），也可以完全隐身，如同间谍一般，与被观察者融为一体。是否需要隐身，以及在何种程度上或者在什么时间段公开身份，都可以根据具体研究对象来决定。如一些特殊的研究对象不方便接受深度调研，另一些研究对象并不欢迎研究者，不愿意进入大众视野，在这些情况下，研究者都会以隐身、匿名的形式开展长期研究。如冯军旗在写作《中县干部》时，在基层乡镇挂职工作两年，这种就接近"隐身"的全匿名研究方式。以这种人类学研究的方式，可以获取大量难以通过常规调研收集到的信息，但其本身的难度、对研究者的要求都极高（图4-9）。

三、发现问题

在社区研究中，对问题的发现就如同医生诊断病人一样。在人出现不适时，会有多种不同症状的表现，如头痛、咳嗽、血压升高、呼吸急促等。要发现社区中存在的问题，就需要去寻找"亚健康"的表现症状，有时这些症状显而易见，如环境整洁与否、交通有序与否；有时则不那么清晰，需要研究者通过深入的访谈与观察才能了解（图4-10~图4-16）。

四、方案输出

在社会创新设计与社会设计的教学过程中，需要牢记几个原则：①不存在完美的社会，因此，任何解决方案都可能是不完美的，就如同医院里无法走出一位百分之百健康的病人；②现实生活中能够解决

调研步骤	1.问题普查	2.聚类分析	3.场景探究
研究方法	观察；影随；访谈（随访或1V1访谈）	数据分析；问题/场景聚类	访谈/情景模拟
研究对象	A社区居委会工作人员；民警；社区居民居民楼内、公共空间、停车场、养老中心、小卖店等社区基础设施及服务业态	访谈记录及照片、视频记录等资料	经招募筛选过的社区居民等
研究内容	发现老旧小区当下面临的安全隐患及影响居民生活质量的问题（如居住情况、健康管理、医疗急救、交通出行、家庭生活、休闲娱乐、数字化使用情况等内容）	对普查中所发现的显性问题、需求、痛点，与洞察到的潜在机会进行分析，结合本次项目的目标与日立事业方向聚类出有价值深挖的问题或情景	对聚焦问题设置深度访谈问题或进行场景还原，记录随受访者的情景（如急症救护、外出看病取药、学龄儿童日常托管、扶幼、房屋受损维修、日常备餐就餐、日间托老等）

图4-9
以"韧性社区"为主题开展的社区研究调研框架

[第四章] 社区设计

人居环境（基础设施、公共空间、噪声、上下水、垃圾分类等）		
问题类型	问题阐述	相关图
设施类	随着住户年纪渐长，对电梯需求量变大，但楼内达成一致协议耗时长易陷入僵局，加装电梯难	
	老房隔声效果差，外加装修噪声和邻里间不同作息相互影响	
	垃圾分类设备新旧混用，回收标准不统一，回收点混乱	
	人们有较强的将公共空间改造成具有个性化特点甚至私有化的意愿（如装扮公共休闲区、改造健身器材、把公共花园改成自己菜地、将家庭盆栽放置室外、放置个人专属座椅并加装锁）	
	部分居民在房屋内部自行展开适老化改造，如加装扶手等	
服务类	步行范围可达的超市和购物中心、体育公园、交通站点是生活必备	
	老旧小区缺少统一物业时，公共卫生、公共空间运营存在漏洞和潜在危机	

图 4-10　对某社区进行的人居环境方面问题发现与总结

交通出行（人、车、物流等）		
问题类型	问题阐述	相关图
设施类	行人道路窄，障碍多（灯杆、路牌等）且地砖常有凸起缺损，不便于拄拐杖、推助力车的行人通行	
	道路非行人友好型，特别对中老年人及儿童群体潜在危险大	
服务类	外卖、快递在社区中需求量大，但是其运输、递送模式还不完善，在局部突发管制时，物流压力积压在最后一公里	
	由于人车混行，学龄儿童从小区入口到学校最后一公里的路程安全隐患较大	
其他	学生参加校外辅导班基本都需家长接送（一起乘坐公共交通），上课过程家长在外等待	
	车辆通勤、养护、停车等费用过高，有居民因通勤距离和花销而换工作	

图 4-11　对某社区进行的交通出行方面问题发现与总结

安全（救灾、应急、急救等）		
问题类型	问题阐述	相关图
设施类	老旧小区单元内公共过道常被居民占用放置杂物，给消防和急救带来影响	
	消防用品量少且隐蔽，像是象征摆设，并没有明示使用指南	
	未见AED（自动体外除颤器）等应对突发急症的急救设备	
	无电梯的板楼，急救担架转弯困难，高层公寓急救担架进电梯难	
服务类	危机来临后的物资供应、信息传达、心理疏导等都很急迫，但需求很难得到满足	
	社区定期组织消防演习和培训，但居民的认知度和参与度并不高	
	纸质安全宣传、科普材料放置地点难以触达居民，无人翻看（防诈骗、文明养犬、消防等内容）	
	急救医护人手不足，据反映，急救车常只配备司机和一位医生，需要病人家属负担病人搬运等工作	
社会组织关系类	基层人手不足，防疫期间由社区工作人员、片警全时段无间歇的把守社区入口和识别出入人口	
	开放式混合型小区，人口流动量大、出入口多，管理难度大	
	消防车收到火情后会与所在片区的警察、社区提前联系，片警也会到达现场协助	
其他	独自面临当突发急症时无法自行呼救（失去打电话的意识和语言能力）	
	电动车失窃、欺诈诈骗等不法行为还屡有发生	

图 4-12　对某社区进行的安全方面问题发现与总结

- 081 -

社会创新设计概论

问题类型	健康管理（生理和心理健康感知、预防保健、慢性病管理、健身运动等）	相关图
	问题阐述	
设施类	派发的控盐小勺可以起到摄盐量的控制，对防止高盐摄入引发的疾病有一定作用	
	社区缺少引导中强度运动的活动设施或指南（如快走、慢跑等）	
	下课后学生除了上辅导班就是回到所居住社区，社区通常缺少儿童友好型活动空间，基本利用无障碍过道、门厅等公共空间玩游戏。没有可以进行体育锻炼的空间与设施	
	老年人不太做剧烈运动，倾向于散步、挥挥胳膊类的低强度运动，但大多数小区道路窄且有来往车辆	
服务类	老年人慢性病每半月、每月都需取药	
	社区卫生中心可以取到常规慢性药，老年人可以打电话，送药上门	
	体检缺失，除了有固定工作的人群有单位组织的体检服务外，青年、老年人及无业人员基本没有体检习惯，疾病不能被及时发现治疗	
其他	自我健康感知与真实健康水平差距较大	
	当突发事件发生，工作学习生活节奏被打断，压力突至，个人的心理面临巨大挑战	
	对糖、脂肪的摄入常常无感，没有控制	
	老年人慢性病比例很高，如高血压、糖尿病、心脏病等并发症，还有手术后出现的免疫下降等	
	老年人因食欲下降摄入量减少引发的营养不良和膳食不平衡	
	老年人睡眠时间缩短、睡眠质量下降，入睡难，醒得早，起夜多	
	身体退化引发不易观察的危险（视觉、记忆、味觉、消化、关节等）	

图 4-13　对某社区进行的健康管理方面问题发现与总结

问题类型	日常生活（三餐、购物采买、休闲娱乐、数字化程度等）	相关图
	问题阐述	
设施类	当高龄老人独自生活时，子女希望能掌握父母的动态，以确认其状态，预知风险	
	数字移民在适应智能设备时对不同代际帮助的依赖度很高，需要时间、详细的步骤、反复的指导、及时的问题解决才能逐渐培养自主使用习惯	
	通过手机、平板、电脑不同终端的线上游戏是消磨时间的重要方式（手游、棋牌、斗地主等）	
	语音智能设备逐渐进入家庭，如通过语音来获取信息、查找电话号码等	
服务类	退休后的老年人每天都为一日三餐而累，希望能在社区订到可口健康的餐食	
	校方为了保证学生上下学安全，要求家长接送。有不少托管班承接孩子下课服务	
	幼儿生、小学生在校吃午餐，下午放学早，下午3~5点不等	
	居民的购物需求无法被周边超市和小卖店满足	
	居民楼内有人组织团购，有蔬菜、水果、瓜子、牛奶、饮料等，特别方便老年人等不亲自网购的人群，可以成箱购买牛奶等物品，放入小推车后电梯上楼	
	擦油烟机、擦玻璃等便民家政服务需求依然存在	
社会组织关系类	居民家庭日常矛盾有时需要第三方出面调解，多由居委会和片警承担	

图 4-14　对某社区进行的日常生活方面问题发现与总结

问题类型	社区生活（社交活动、共治参与、公共空间维护等）	相关图
	问题阐述	
服务类	线上微信群（社区群、楼门洞群、楼门长群）已经成为社区信息传达的重要渠道	
	老年人自主性高，不限制活动时倾向于自行解决生活问题，乘公共交通出行，在社区便民店购物、健身、接送孙辈上下学	
	老年大学为老年人提供了丰富的精神生活	
	大部分的社区活动都围绕老年人和孩子举办，这也就越发造成了年轻人没有理由进入到社区活动中	
	健步走、晒太阳、打麻将、三两聚团聊天、使用健身器材锻炼身体、打太极、种花种菜、照顾流浪猫、参加合唱团等内容是最常见的社区活动	
社会组织关系类	随着社区年限增加，房屋买卖、租赁、人口迁移，原有稳定的社会网络受到冲击。人员复杂，从熟人社会变成陌生人社会	
	丰富的社区活动为老年人提供了走出家门的理由，也是重要的生活娱乐内容，感受到自身价值和被需要感	
	老年人对于工作型、志愿者的社区活动参与度较高，如站岗、打扫卫生、垃圾分类、协调等	
	社工包楼的工作形式有效整合楼内外资源，通过微信群建立有效的沟通办事渠道	
	居民会根据自己的生活习惯和邻里圈形成固定的活动点	
其他	老年人对于社区服务满意度较高，其他年龄段则不尽然	

图 4-15　对某社区进行的社区生活方面问题发现与总结

[第四章] 社区设计

养老规划（居家、社区、机构养老等）		
问题类型	问题阐述	相关图
服务类	医疗护理、护工等服务价高且在医保范围外，普通收入的老年人难以负担得起	
	社区内商业养老中心以接受本社区居民为主，有空余时接受社区外居民	
	养老院偏好型老年人，希望能接收到专业、长期、稳定、持续的服务	
	社区养老服务给老年人一种临时性的、尝试性的、非专业的印象	
	养老驿站价高位少	
社会组织关系类	传统型老年人对于家庭及原有社会关系依赖度高，遇到问题首先向儿女求助、其次动用社区内原有熟人关系帮忙、再者联系社工（付费服务也许是最末位选择）	
其他	社区老年人口占比20%以上，该群体生活半径大多在社区范围内	
	养老问题的时效性和紧迫性，变老是个过程，每天都在推进	

图4-16 对某社区进行的养老规划方面问题发现与总结

问题的方案都是复杂的，需要经历长期的研究、试点与多种形式的调整，任何一个学科中的课堂练习都不可能成为最终的解决方案；③学习的目标是掌握分析与思考的方法，在这个过程中学习使用具体的工具与方法，掌握不同阶段不同方法的组合（方法论），理解设计师可以以何种角色介入到社会议题当中，就已经达到了目标。

在发现问题之后，提出可能的解决方案，往往会采用如下的步骤。

1. 设立目标

在社区设计中，通过调研可能会发现一系列的问题，例如空间环境的问题、邻里关系的问题、日常生活的问题等。在进行设计的时候，第一步往往是缩小目标，将设计问题定义为一个可被清晰界定的问题，例如：在一个高度老龄化的老旧社区中，如何解决老年人日常生活的难题，减少他们在购物、订餐等日常需求中的障碍？或者，在一个流动人口比例较大的社区中，如何推动工作繁忙的中青年人参与到社区的公共事务当中？通过对地点（Where），人物（Who），以及事物（What）这三个要素的界定，基本可以表达出完整的设计目标，并且可以开始探讨通向目标的路径。

2. 案例学习 Case Study

绝大多数情况下，社会创新不是社会发明，在信息高度透明的当今世界，社会创新的配方其实始终是公开的，更大的难度在于如

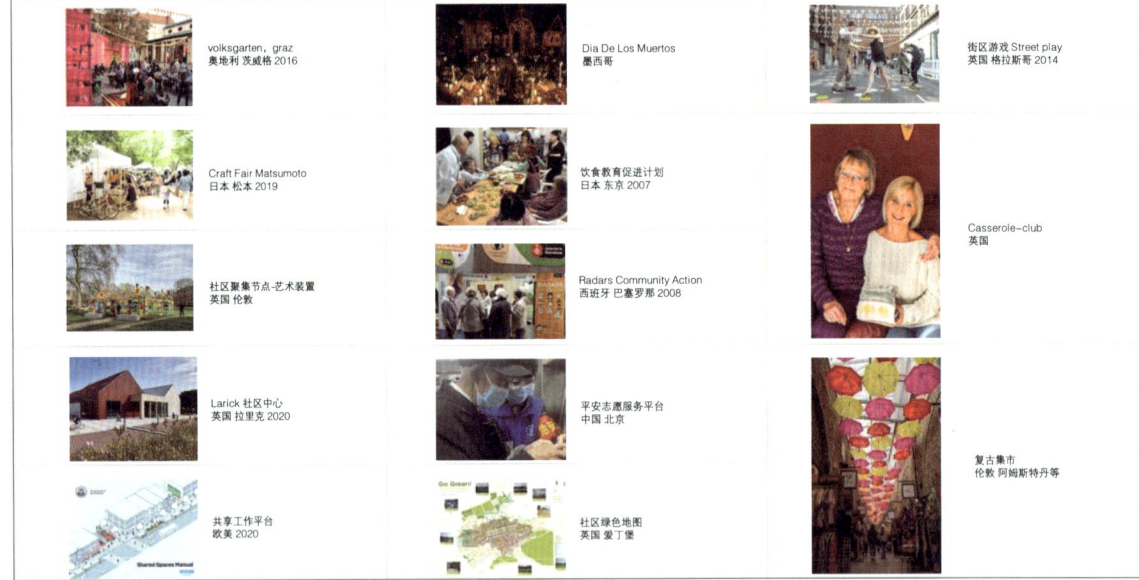

图 4-17 以可持续生活为目标的社区服务案例

何使其规模化，并推动社会的系统性变革。因此，学习与主题相关的各类型案例，可以快速地找到多种可能的路径，之后，通过分析当下问题的具体背景，选择某个相似方案，或者对已有案例进行适应性调整（图 4-17）。

3. 利益相关者分析 Stakeholder Mapping

利益相关者分析可以在分析问题的时候使用，也可以在提供方案的阶段使用，分析问题阶段的利益相关者分析图，目标是帮助设计师思考解决方案可能涉及的方方面面，避免遗漏重要的利益相关方，导致解决方案存在着明显的不合理性。利益相关者地图有着多种形式，但形式本身需要服从方案的要求，是解决方案整体中的一个部分（图 4-18）。

4. 故事板 Storyboard

故事板是表达设计方案的最常用工具之一，设计活动中的故事板来自于电影的脚本和分镜头的结合，其目的是帮助设计者以"用户"视角，分析一个完整的解决方案中的关键环节，以及关键环节

[第四章] 社区设计

图 4-18
清华大学美术学院 2021 年春季学期"可持续设计理论与研究"课程作业——利益相关者分析图

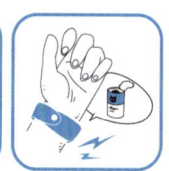

图 4-19
清华大学美术学院 2021 年春季学期"可持续设计理论与研究"课程作业——故事板

中必须设计的触点。很明显，社会创新设计中的解决方案，不太可能是一个单纯的技术，即便是最常被提及的"平台"，也属于信息时代的最典型的"服务"。甚至可以说，服务设计是社会创新设计中最主要的设计方法，最终的方案呈现也主要采用服务设计的各种工具（图 4-19）。

5. 系统图 System Map

服务本身是一个系统，涉及多个利益相关方、不同的线上线下触点、多个层级的交互等。在服务设计中，常常会要求学生练习并使用服务蓝图。除了服务蓝图之外，也可以采用系统图的方式进行表达。与服务蓝图相比，其结构更加简单且自由度更高，视觉表现也更能突出服务本身的系统性，组织结构也较为一目了然。当然，不同的设计方案可以灵活采用各种设计工具，无一定之规，可以根据课程的目标、学生的基本情况及兴趣加以选择（图4-20）。

在进行设计的过程中，最艰难的环节在于解决方案的选定。社会问题往往有多种解决的可能，如解决早晚高峰通勤问题，选择方案可能包括：增加公共交通服务，增加出租车等商业服务，发展低空飞行技术，推动市民非营利性拼车，鼓励在家办公以减少通勤等。对于真正的政策制定者而言，在解决问题时往往会采用多种措施并行，但在设计练习中，更多的是鼓励同学们的创意，增加同学们对社会问题的认知，因此也更倾向推动学生选择有更多社会化参与，可以积累社会资本的解决方案。这个过程往往依赖于课堂内外教师与学生的高频率互动，教师本身对社会创新内涵以及我国社会文化背景的理解是重要的前提条件。

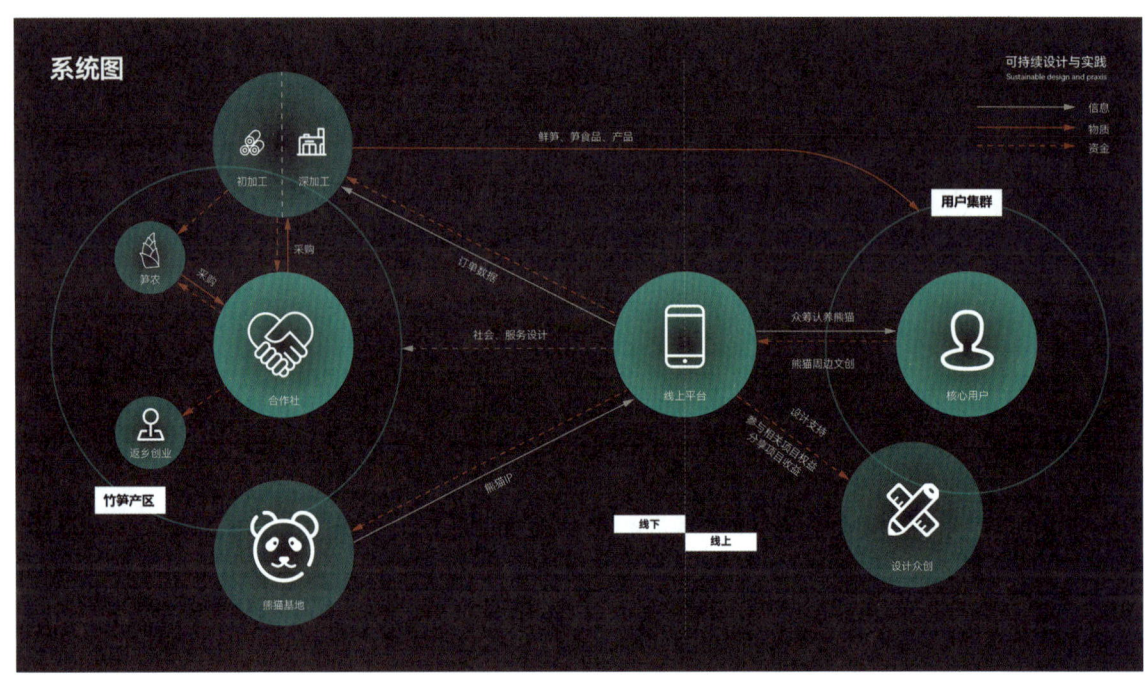

图4-20　清华大学美术学院2023年春季学期"可持续设计理论与研究"课程作业——系统图

[第五章]

参与式设计

在当今的设计研究、设计实践、公共管理、社会治理等各个领域，"参与式"都是难以回避的关键词。参与式设计被认为是社会创新设计的基本特征之一，与从手工业时代逐步形成的由精英主导的设计相比，参与式设计有着独特的设计理念、设计过程、设计方法。"设计民主化"在当代社会不断深入、普及的过程，体现着世界政治、经济、社会的深刻变迁。

第一节　历史

参与式设计（Participatory Design）最早出现在斯堪的纳维亚地区的国家。从20世纪60年代末期到70年代，斯堪的纳维亚地区各国开始制定法规，允许工人拥有在一定程度决定其工作条件的权利。从20世纪70年代起，挪威、瑞典、丹麦等国开展了一系列项目，由工人和管理者共同讨论并设计工作环境。当时，大量自动化技术被引入制造业中，在提高了劳动生产率的同时，工人原有的职业技能逐步被技术消解，自主空间被大幅压缩。参与式设计在这种背景下出现，既是新技术带来的直接冲击，也与北欧独特的社会结构有关。在1981年到1984年之间开展的UTOPIA项目中，研究者开发了类似实验室的参与式设计空间，由工人和研究者共同测试新的信息技术与协作式工作方式，探索出参与式设计的有效方法。

因此，当前研究领域中的参与式设计，有很大一部分来自于信息工程领域中的人机交互（Human-computer Interaction，HCI）设计。1990年，在美国西雅图召开了第一届"参与式设计"大会，之后大会以两年一届的形式在全球轮流举办，参会者有很大部分都来自于信息与通信技术（ICT）领域，其源头便来自于上述20世纪70年代在北欧开展的一系列研究。

在人机交互领域之外，随着设计介入公共事务，公众参与也在不断冲击传统的设计理念与方法。如美国在20世纪60年代平权运动的冲击下，开始将社区规划作为城市规划的一部分，在政府、非营利组织中设立社区规划师，在编制规划方案时，将社区居民以及其他利益相关人的意见纳入其中，逐步形成了"参与式规划"的工作方法。近年来，随着城市更新在世界各地的展开，参与式规划与参与式设计开始融合，在公共空间设计、场所营造、社区发展等方面广泛运用。各种形式的社区规划师制度也在我国不同城市以不同形式运行。

除了公共事务之外，商业企业在开展创新时，也在不断拓展与消费者的互动，激发消费者创意，使消费者成为"共同生产者"（Co-producer），以参与式设计的方法来实现"社会化"（Social）创新（Innovation），在英文表述中，与"社会创新"（Social Innovation，为了社会目标，通过改变社会结构的方式进行的创新）常混为一谈。但商业企业的社会化创新模式，同样能为公共事务中的参与式设计带来很多启发。

第二节 不同形式的公众参与

"参与式设计"这一名词容易给大众造成误解，即其他角色参与到"设计"这一具体行为当中，但实际上，"设计"本身是极为复杂的过程。在具体的设计活动开始之前，往往需要通过研究来理解问题，作出决策，这一过程在设计领域会被定义为"战略设计"或"设计定位"，在规划与建筑领域，会被界定为"规划"。在狭义的"设计"行为之后，则需要对概念设计的方案进行测试，制造业将这一过程称为"打样"，设计师有时参与"打样"环节，有时也不一定参与该环节。打样完成之后，则需要进行迭代改进，最终各方都满意的方案才进行大批量的生产或实施。在以问题为导向的设计活动中，我们可以对英国设计协会（British Design Council）提出的双钻模型进行修改来表示这一复杂的过程（图5-1）。

为了更好地理解参与式设计，我们将用多个案例来分析设计中"公众参与"的不同形式。

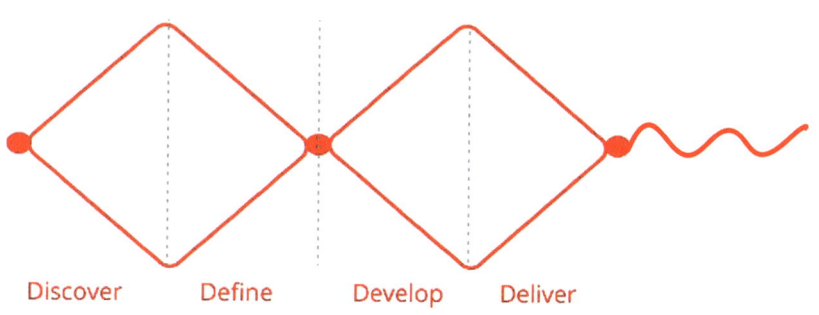

图 5-1
参与式设计可能涉及的不同环节

案例一：英国 FixMyStreet

2007年，英国政府与慈善机构 mySociety 合作，开发了 FixMyStreet 网络平台。最初这个平台仅有网页界面，后来也开发了移动端平台。市民在发现所在社区或公共空间中的设施出现问题时，可以通过邮政编码、街道名称等定位，在地图中标记准确地点，输入文字描述或拍照并上传至网站，平台在收到信息后，将问题反馈至相应管理部门进行处理或维修。通过这种方式，可以极大节约公共管理部门的资源，提高市政服务效率，改善城市面貌。

FixMyStreet 项目在英国大获成功，之后 mySociety 将其代码进行了开源共享，鼓励世界各地的政府机构或民间组织直接采用这一平台，这也是公众参与城市公共空间的杰出代表。从获取的有限信息来看，在这个案例中，普通民众虽未参与到项目的设计过程，包括前期的研究与论证，中期的开发与设计，原型（demo，或 prototype）的迭代与最终的部署，但是公众是这一平台的主要使用者，他们自愿使用私人资源（时间、网络等）对公共事务进行直接干预，并从中受益。同时，英国的公共管理部门也是直接的受益者，称得上是双赢。由于普通民众的参与门槛较低，同时数据的实时公布以及规范的反馈程序会激励居民的持续参与，其可持续性得到了保障。因此，尽管公众未参与到项目的设计过程当中，但这仍可称得上是参与式设计的一种形式（图5-2）。

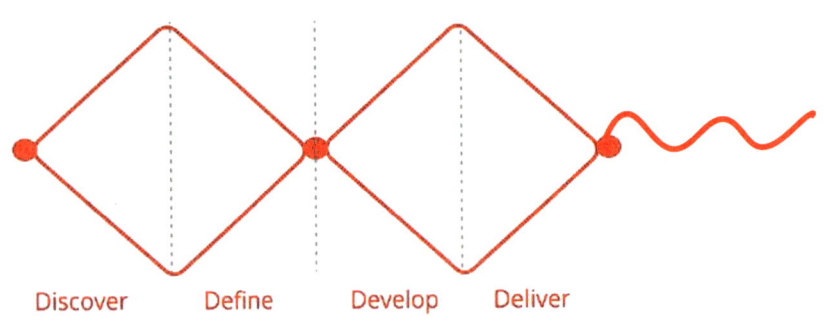

图 5-2
FixMyStreet 中用户参与了项目运营环节

案例二：乐高设计大赛

丹麦乐高公司是世界著名的玩具公司，从20世纪60年代开始，采用塑料作为原材料，通过拼接模块这一专利技术，开发儿童及成人积木玩具。在2003年，乐高在玩具市场竞争中渐落下风，由此开始了以用户为中心的全面创新战略。通过乐高认证专家、乐高大使、Lego Ideas 平台等，与用户建立联系，形成活跃的用户平台。从2014年起，乐高用户可以在 Lego Ideas 上传自己的积木作品，其他用户可以对所有作品进行投票，如果在2年内获得1万个支持，乐高就会对该作品进行评审，通过评审的作品会被生产和全球性销售，而创作者可以获得销售额的1%，并参加各种推广活动。2014年的乐高设计大赛中，Stephen Pakbaz 设计的好奇号火星探测器模型获得了1万多张投票，并最终被乐高官方选中，批量生产并上市（图5-3）。

在这个案例中，用户是产品设计的创意提供者，或者说，用户完成了概念设计阶段。在制造业中，从概念设计到产品，往往还需经历一个工程转化的过程，工程师对产品的材料、结构、工艺等进行论证和调整，使得产品的生产能达到高质量和稳定的规模化生产，这个过程，有时需要设计师的高度参与，甚至可以说，参与到这个过程，设计师才从产品设计师转变为工业设计师。由于乐高大赛作品的基本原理都符合其既有产品的构造逻辑，设计者在材料、结构、工艺上面无需过多考虑，对工程师而言，其工程转化过程与常规产品的差异也不大，因此，设计者仅提供概念方案就能直接推动新产品的诞生（图5-4）。

图5-3 Stephen Pakbaz 设计的好奇号火星探测器模型

社会创新设计概论

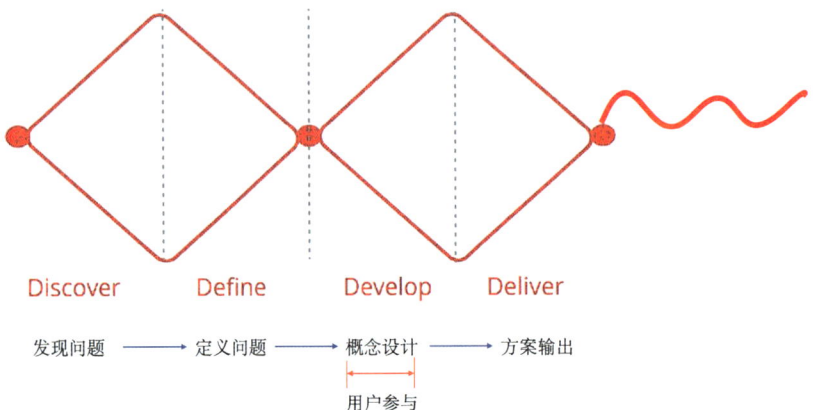

图 5-4
乐高设计大赛中，用户参与了概念设计环节

案例三：意大利帕维亚兵工厂改造

距离米兰市中心往南 30 公里左右的帕维亚（Pavia）小镇中有一座废弃已久的兵工厂。2015 年，由当地居民和历史协会成员发起成立"创意兵工厂"（Arsenale Creativo）协会，向当地政府和居民倡导对兵工厂进行参与式改造，在获得认可后，邀请社会学家 Marianella Sclavi 及其团队 Ascolto Attivo 来主持整个项目的参与式设计。初期的参与式设计经过了调研、探索、初步方案征集、展览、商议等不同阶段。

首先是市民调研。项目团队在城市中组织了 60 余次访谈，了解居民对城市公共空间的期待与需求，明确共同的愿景。之后，组织了近 3000 名市民参观游览兵工厂地区，向市民讲述该地区从 19 世纪建成后所经历的历史。该市总的居民人口不到 7 万。

在进行广泛的预热之后，项目团队向市民征集改造创意，208 名参与者共提出 40 份方案。根据方案的大致方向，包括种植、娱乐、艺术、体育等，项目团队于当年 6 月初在市中心广场组织了案例展览，介绍世界各地以相似主题最终落成的公共空间设计案例，为市民带来最直观的认知，同时吸引更多市民参与投票，与项目团队进行深度沟通。而提案的发起者，包括艺术表演团队、青少年滑板群体等，也在市中心的不同地点举办现场表演，力图自己的方案获得更多人的认可，最终能够进入正式的设计方案（图 5-5、图 5-6）。

截至 2015 年底，兵工厂的改造工作都集中在设计前期的动员阶段。在常规的公共空间建设项目当中，通行的做法是在专业领域进行项目设计招标或方案征集，由业主（出资方）委托专业的评审

[第五章] 参与式设计

图 5-5　帕维亚市中心的公共空间案例展览

图 5-6　帕维亚市青少年滑板团队向市民介绍滑板公园提案

社会创新设计概论

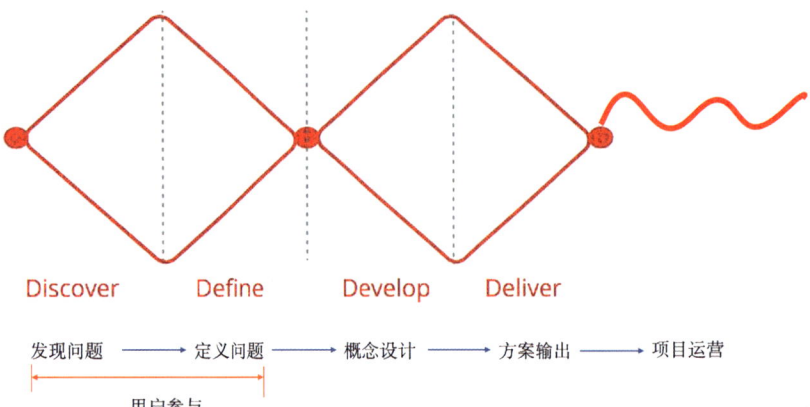

图 5-7
帕维亚兵工厂改造项目中，用户参与了发现问题和定义问题环节

委员会对方案进行评审，之后中选的设计团队再进行深化设计并协助建设。帕维亚兵工厂改造项目则开拓了全新的工作方法。从公共空间的功能定位开始，始终以使用者（市民）的需求为导向，将征集方案的过程变成市民参与的过程，这不仅有可能最大限度地满足真实的需求，更通过市民参与这一行为激发了普通人对公共事务的关注，增强了社会凝聚力。在截至 2015 年底的所有活动中，市民尚未参与到空间设计过程中，但同样，这代表了一种类型的参与式设计（图 5-7）。

案例四：纽约绿拇指（Green Thumb）

20 世纪 60、70 年代，纽约市经历了一场财政危机，破产和腐败导致投资减少，富人及中产白人离开城市搬入郊区。大量建筑物被遗弃或年久失修。当这些房产拖欠贷款时，市政府就会收回这些房产，而这些房产往往会因拆除、腐烂和纵火而毁坏，城市中因而出现大量空置空间。附近的居民开始在这些空地上建造菜园，但这些菜园未经市政府批准，时常陷入各种纠纷当中。1962 年，下东区的波多黎各移民建造了第一批菜园 El Jardín del Paraíso。

1962 年，纽约市住房管理局（NYCHA）开始举办全市居民菜园竞赛。1973 年，"绿色游击队"（Green Guerrilla）成立，市民在空地上播种并建设菜园。1974 年，第一个由市政府批准的社区菜园 Liz Christy 建成。在经过市民与市政管理部门的多年博弈后，纽约市公园与休闲管理局于 1978 年创建了绿拇指（GreenThumb）项目，为社区菜园提供资源并颁发许可证。该项目持续至今，如今在整个纽约市,有 550 多个社区菜园位于城市地产中,745 多个学校菜园,100 多个菜园属于地产信托,还有 700 多个公共住房项目中的菜园。

绿拇指中的社区菜园需要遵循严格的规定,例如,在开垦之前需要申报并获得许可,所有菜园中的成员都需要参加培训,在日常种植过程中,需要严格遵守包括农药、肥料、栅栏等多方面的规定。每个花园都必须在每个月组织"开放日",接待周边居民的参观,参加管理部门组织的活动,包括竞赛等。在互联网普及之后,绿拇指也开发了线上平台,市民可以通过地图定位,寻找自己最方便参与的社区菜园,而尚有空余名额的菜园不得拒绝新成员加入。

社区菜园很难被界定为常规的视觉、产品、空间或交互设计项目,从管理方(纽约市公园与休闲管理局)的视角来看,这可以定义为一个服务设计项目。其中的服务使用者是社区菜园的参与者,土地、种植材料(工具、种子,甚至知识)、支持平台(地图)等都是构成服务系统的基本要素。同时,不同利益相关人的关系也需要被设计,包括老成员与新成员的关系、不同菜园之间的关系、成员与周边居民之间的关系。管理方通过组织要素与关系,最终形成了这一服务系统。但是,这一服务的需求来自于居民的自发行动,在自发行动并未获得正式认可时,居民与城市管理者进行了长期博弈,在双方都妥协之后共同完成了决议过程,管理方增加并投入资源(新的部门与长期预算),使用者遵守规则并承担义务(图5-8)。在项目正式落成之后,使用者成为主要的项目运营者:维护花园、参与社会互动,同时也是服务的共同生产者(Co-producer)。

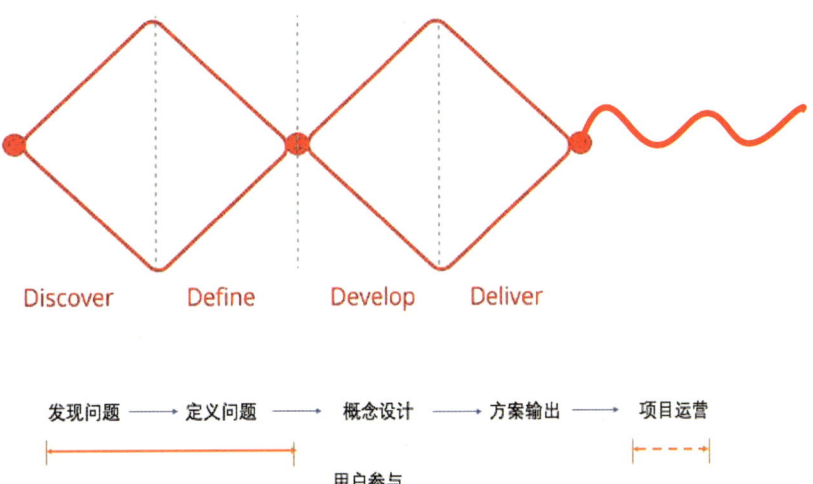

图 5-8
绿拇指项目中用户提出了问题,并参与了后期运营

参与式设计在世界各地有着大量的实践与研究。从不同的案例来看，参与式设计本身可进入到设计前、中、后的不同环节。尤其是在与公共事务相关的案例中，公众的积极参与，不仅仅是为了设计出独特的、可满足大众需求的项目，更多的考量来自于项目落成后的共同生产（Co-produce），不仅仅是被动地享受优质的公共服务，同时积极投身于服务的创造当中，这既是高质量公共物品（Common Goods）可持续运营的前提，也是一个良好社会的标志。

第三节　参与式设计面临的挑战与工具方法

尽管参与式设计在世界各地广泛开展，但要实施一个参与式设计的项目，仍面临着重重挑战。

首先，是参与本身的难度。这可能是当代政治学中最受关注的议题之一。在涉及公共事务时，如果应当参与的人对参与本身失去兴趣，那么，参与式设计就从根本上成为伪命题。以英国脱欧公投为例，2016年，英国约1740万投票者（占总投票者的51.89%）赞成脱离欧盟，按简单多数原则，英国启动脱欧程序。但实际上，英国具有投票权的公民约有4600万人，参加此次全民公投投票的约为3400万人，超过2/3，从程序上来看，已经达到了启动投票的人数门槛。但最终的结果是，投赞成票的1740万人代替了全体公民的意愿。在2020年的美国大选中，也仅有66.8%的公民行使了投票权。在如此关键的情况下，参与率都在不断降低，那么，在和普通人关系并不直接的公共事务上，动员人们主动参与就成为参与式设计的第一个门槛。

当前，不断有公共管理、政治学的研究者尝试将设计思维引入到公众参与领域。理解公众的需求、建立同理心、降低参与难度等，都是可以尝试的有效做法。在我国的基层治理实践中，在部分较难开展公共参与的社区中，也会采用发放纪念品或积累志愿分等方法来激励参与，但这与公众参与的真正目标有所偏离，需要通过更多的探索来找到行之有效的方法。在前文帕维亚军工厂的改造过程中，公开的、视觉化的、有项目发起者在场的展览是一种行之有效的方法。在人流量密集的公共空间中的线下展览，最大限度地降低了参与的难度，经过一定设计的展板可以有效传达丰富信息，吸引参与者进行深度参与，避免了过度强调娱乐性从而降低事件的严肃性。而项目的发起者或主要执行者在现场，可以及时与参与者进行交流，获得除了票数等量化

[第五章] 参与式设计

图 5-9
帕维亚兵工厂改造项目中市民与设计团队现场沟通

指标之外的更加丰富且具有深度的信息（图 5-9）。

其次，公众参与需要参与者与专业设计师的有效沟通，最终实现非专业背景人士对专业议题的意见表达。这一问题的关键在于信息差的消除。无论是空间设计、公共服务设计，甚至当下显得较为激进的公共预算制定，大部分参与者都缺乏专业训练，很难以专业术语、方法与流程进行工作，而消除这一信息差，正是组织参与式设计的设计师们应当承担的任务。在这个过程中，设计师们开发了大量视觉化的工具，可以有效提高公众参与的质量与效率（图 5-10）。

最后，参与式设计应当是一系列行为中的一个环节，参与的目标并不是参与本身，而是与其他利益相关方共享权利与义务，但责权的分配本身是一个系统性的政治问题，远远超过了设计师或研究者的能力范围。

大量研究表明，公众对参与的漠视，很大程度上是其意见的表达难以左右政策的实施，这意味着参与本身的象征性和表面性。而实际上，大量采用选票制度的所谓民主社会，其社会治理的失败正来源于此。1969 年，阿恩斯坦（Arnstein）发表了著名的《市民参与的阶梯》一文，成为研究公共参与的重要参考文献。该文提出了公众参与的不同层次。尽管当今有激进的民主主义者开始进行参与式预算等尝试,推动公众参与走向最高层级的公共控制,但更大的问题可能是,公众控制仅仅是精英免责的借口,还是走向社会可持续发展的最佳路径?2000多年前,苏格拉底之死对"民主"提出的质疑,直至今日,也尚无可解的答案(图5-11)。

图 5-10
社会住宅设计过程中的活动主题卡片

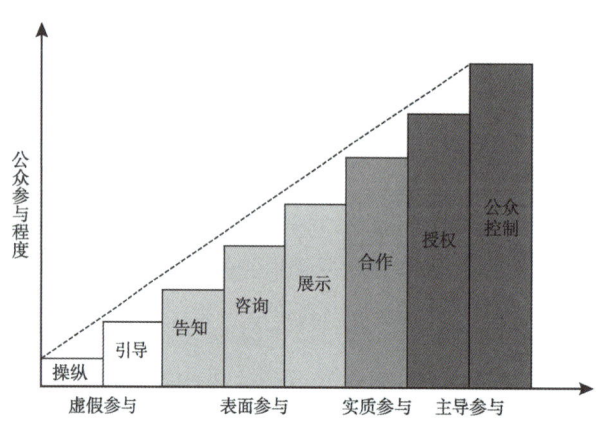

图 5-11
市民参与的不同阶段

[第五章] 参与式设计

案例五：芳星园参与式社区花园设计

2019年夏天，清华大学美术学院生态设计所受邀参与北京方庄芳星园某社区的公共空间改造。该空间位于社区住宅楼北侧，已空置近20年，面积约1300平方米。由于该社区老龄化较为严重，大量老人有下楼休闲散步的需求，但却不得不步行较长时间前往公园。社区中一位居民同时是某高校社会学专业教师，也是在职党员。在她的组织与申请下，地区办事处同意对该空间进行改造，并提供了少量资助。

在项目开始之后，第一步进行了全面的社区调研，通过线上问卷，征集居民对于社区花园的意见与建议，获得了绝大多数居民的支持，并表达了对社区花园主要功能的期待。为了更深入地挖掘居民需求，倾听少部分持反对意见居民的想法，避免"多数人的暴政"引发社区矛盾，设计团队与社工机构共同组织了楼前议事会，解答居民的疑问，化解居民的担忧，提出可能的解决方案以促成利益冲突者的互相理解（图5-12、图5-13）。

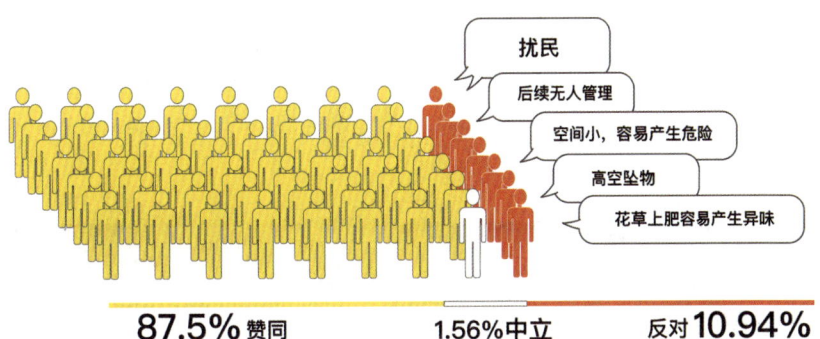

图5-12
芳星园某社区居民对改造花园的意见汇总

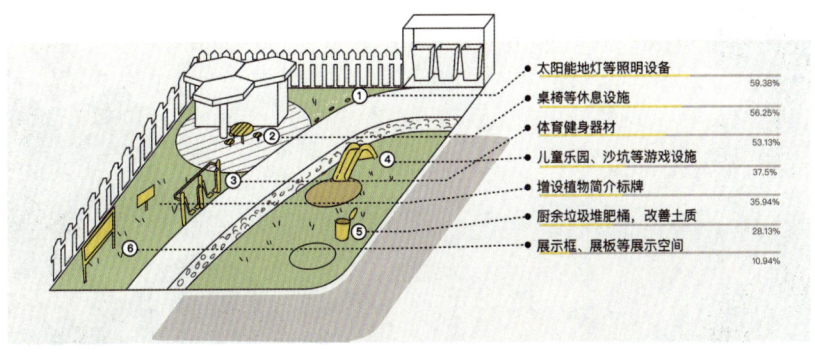

图5-13
芳星园某社区居民对花园的功能设施需求

- 099 -

■ 社会创新设计概论

  2020年初，设计团队组织了居民参与式工作坊，进入到花园的设计环节。首先，团队准备了大量素材与案例供居民参考，帮助居民在有限的空间内合理分割功能区域、设置公共设施，鼓励居民进行充分的表达以及互相交流，将各种各样的想法，梳理成具有一定普遍性的共同需求。为了帮助居民进行简单的设计，团队尽可能降低了空地空间图的理解难度，在基本数据、方位保持准确的前提下，不强调图纸的专业性，甚至没有坚持用标准画法制作顶视图（图5-14）。

  根据原本的工作计划，设计团队将开展三轮参与式设计工作坊，不断凝聚共识，在成本可控的前提下尽可能实现较多的功能。疫情期间，设计团队与社区商议，修改原本计划，采用线上与非接触式线下的方式，继续推动居民参与。

  首先，对工作坊中居民提出的四组方案进行同类项合并，提出两组具有较大差异的不同方案，通过微信群的方式，对居民进行详细解释与说明，为之后的投票作好充分准备。解读和说明除了展板之外，还录制了语音视频，最大程度提高居民对设计方案的细节认知。之后，为每户家庭制作了选票，并且在选票上预留书写空间，方便居民在投票时补充具体意见。选票制作完成后，由居民志愿者以非面对面的形式，放置在各户家庭门口。通过微信群广泛通知，鼓励居民在进出时，路过门卫室进行投票。经过一周之后，84户居民中有82户参与了投票，有的还补充了文字意见（图5-15~图5-17）。

图5-14
社区花园参与式设计工作坊

[第五章] 参与式设计

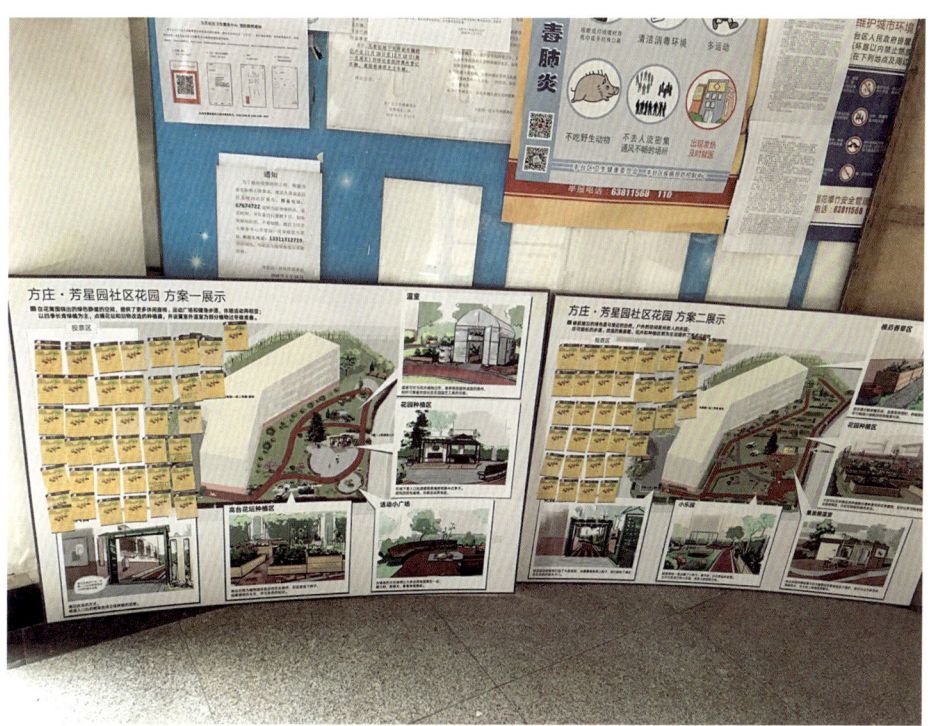

图 5-15　社区花园方案投票 1

图 5-16　社区花园方案投票 2　　　　　图 5-17　社区花园方案投票 3

其次，投票完成后就进入到施工建造阶段。这一阶段的主要挑战是预算不足，以及疫情期间工程队进场施工的极大不确定性。最终的方案除了减少部分非核心设施（如太阳能庭院灯）的建设之外，也通过居民志愿者的帮助获得了一批本土花卉植物的赞助才得以实现。在完成地基工程之后，花园也采用了参与式的建造方式，在2020年国庆假日期间，居民、设计团队、施工团队共同完成了种植过程。参与建造的居民除了之前最为关注该项目的老人之外，还吸引了大量中青年人以及青少年儿童的加入。共同劳动、共同建设的过程也为凝聚社区居民、共建美好花园注入了强大的动力（图5-18）。

最后，花园的建设并非该项目的终点。实际上，参与式设计的最大挑战，在于项目建成后的维护。该项目虽然在前期得到地区办事处的经费支持，但在落成后，花园的维护没有任何额外的资助。这意味着，没有专业园丁或保洁来维护花园，甚至维护其基本秩序。在项目的设计阶段，参与式设计的一部分内容就包括了动员居民参与后期的运营，包括基础维护（浇水、打扫等）与活动组织，其目标不仅仅是维持一个物理性质的花园，更是使花园本身能够成为居民日常交往、增强社会联系、促进互助协作的载体。实际上，这两类工作都具有相同的难度，前者琐碎且不易被认可，后者需要大量的时间精力与组织力，要激励居民参与其中，既需要设计师的创意，更需要对居民的心理需求与行为模式有着深刻的理解。

图5-18
居民共同参与社区花园的建造

经过几年的运营,社区花园仍然保持着较为良好的状态,经过居民志愿者团队的精心维护,在夏秋收获季节甚至可以出产大量水果花卉供居民分享。如果说该项目的缺憾之处,除了因疫情原因导致参与式设计的实施受到了限制之外,便是设计团队未能深度参与到运营当中,无法更多地观察、分析居民的微观互动模式,推动居民成为高质量的社区共创者,更深度地理解从参与式设计到参与式决策与参与式运营,这也是未来研究需要突破的难点(图5-19)。

图 5-19
居民共享花园中的收获

参考文献

著作：

[1] 安东尼·吉登斯，菲利普·萨顿. 社会学 [M]. 北京：北京大学出版社，2015.

[2] 郑杭生. 社会学概论新修 [M]. 北京：中国人民大学出版社，2019.

[3] 于显洋. 社区概论 [M]. 北京：中国人民大学出版社，2016.

[4] 约翰·J·麦休尼斯. 社会问题 [M]. 向德平，等，译. 北京：中国人民大学出版社，2022.

[5] 约翰·J·马休尼斯，文森特·N·帕里罗. 城市社会学：城市与城市生活（第6版）[M]. 北京：中国人民大学出版，2016.

[6] Mark Abrahamson. 城市社会学：全球导览 [M]. 宋伟轩，等，译. 北京：科学出版社，2018.

[7] 安东尼·吉登斯，菲利普·萨顿. 社会学基本概念（第2版）[M]. 王修晓，译. 北京：北京大学出版社，2019.

[8] 周雪光. 组织社会学十讲 [M]. 北京：社会科学文献出版社，2003.

[9] 庄孔韶. 人类学概论 [M]. 北京：中国人民大学出版社，2022.

[10] 袁方. 社会研究方法教程 [M]. 北京：北京大学出版社，2013.

[11] 帕帕奈克. 为真实的世界设计 [M]. 周博，译，北京：中信出版社，2013.

[12] 埃佐·曼奇尼. 设计，在人人设计的时代 [M]. 钟芳，马谨，译. 北京：电子工业出版社，2016.

[13] Manzini E, Jégou. Sustainable Everyday[M]. Edizioni Ambiente, 2003.

[14] Meroni A (ed). Creative Communities. People inventing sustainable ways of living[M]. Edizione POLI.Design, 2007.

[15] Manzini E, Jégou F. Collaborative services. Social innovation and design for sustainability[M]. Edizione POLI.Design, 2008.

[16] 刘新，张军，钟芳. 可持续设计 [M]. 北京：清华大学出版社，2022.

[17] 埃佐·曼奇尼. 宜居的距离 [M]. 刘屹，钟芳，译. 南京：江苏凤凰美术出版社，2024.

[18] Whitely N. Design for Society [M]. London：Reaktion Books，1997.

[19] 刘佳燕，王天夫，等. 社区规划的社会实践——参与式城市更新及社区再造 [M]. 北京：中国建筑工业出版社，2019.

[20] 刘佳燕，大鱼社区营造发展中心. 参与式社区规划与设计工具手册 [M]. 北京：中国建筑工业出版社，2022.

论文：

[1] 钟芳，刘新. 为人民、与人民、由人民的设计：社会创新设计的路径、挑战与机遇 [J]. 装饰，2018（05）：40-45.

[2] 钟芳，埃佐·曼奇尼. 社会系统观下的社会创新设计 [J]. 装饰，2021（12）：40-46.

[3] Brown T，Wyatt J. Design Thinking for Social Innovation[J]. Stanford Social Innovation Review，Winter 2010.

[4] Buchanan R. Wicked Problems in Design Thinking[J]. Design Issues，Vol. 8，No. 2（Spring，1992），pp. 5-21.

[5] Swarta R.J，Raskinb P，Robinson J. The problem of the future：sustainability science and scenario analysis[J]. Global Environmental Change 14，2004，pp. 137-146.

[6] Manzini E. Scenarios of Sustainable Wellbeing[J]. Design Philosophy Papers，Volume 1，Issue 1，2003，pp.5-12.

[7] 姜晓萍. 国家治理现代化进程中的社会治理体制创新 [J]. 中国行政管理，2014（02）：24-28.

[8] 陈成文，赵杏梓. 社会治理：一个概念的社会学考评及其意义 [J]. 湖南师范大学社会科学学报，2014，43（05）：11-18.

[9] 王浦劬. 国家治理、政府治理和社会治理的基本含义及其相互关系辨析 [J]. 社会学评论，2014，2（03）12-20.

[10] 燕继荣. 社会治理的中国实践——中国社会治理的理论探索与实践创新 [J]. 教学与研究，2017（09）：29-37.

[11] 杨敏. 作为国家治理单元的社区——对城市社区建设运动过程中居民社区参与和社区认知的个案研究 [J]. 社会学研究，2007（04）：137-164+245.

[12] 唐有财，王天夫. 社区认同、骨干动员和组织赋权：社区参与式治理的实现路径 [J]. 中国行政管理，2017（02）：73-78.

[13] 陈剩勇，徐珣. 参与式治理：社会管理创新的一种可行性路径——基于杭州社区管理与服务创新经验的研究 [J]. 浙江社会科学，2013（02）：62-72+158.

[14] 陈剩勇，赵光勇. "参与式治理"研究述评 [J]. 教学与研究，2009（08）：75-82.

[15] 周晓虹. 认同理论：社会学与心理学的分析路径 [J]. 社会科学，2008（04）：46-53+187.

[16] Erling Björgvinsson, Ehn P, Hillgren P. Design Things and Design Thinking：Contemporary Participatory Design Challenges[J]. DesignIssues，2012，Volume 28，（Number 3）.

[17] Toker Z. Recent trends in community design：the eminence of participation[J]. Design Studies，2007（Vol 28 No. 3）.

后　记

对我本人而言，《社会创新设计概论》还远非一本能用作教材的书，它是一个"早产儿"，注定还需要通过更长时间的研究、更多人的教学实践，才能逐步完善。它只是一个微不足道的起点，是抛砖引玉时的那块未经打磨的砖。

但是，一年又一年不同的学生们的热情给了我信心，让我能够以当下所有的积累，勉强压成这样一块砖。这些二十上下的年轻人，不仅有热情，还有思考、见识和勇气，是我自己在二十来岁时向往的样子。这本书既是和他们对话的结果，也是将来和更多的他们对话的起点。

感谢清华大学美术学院的刘新老师、付志勇老师，中央美术学院周子书老师的信任和支持！几位老师在社会创新设计领域中用不同的方式进行了大量的研究与实践，与他们共事，是我的荣幸！

感谢中国建筑工业出版社吴绫老师、吴人杰老师的耐心和鼓励，让这本书可以走向编辑与出版的正轨，而不是永远躺在电脑的文件夹中。每个来到人间的婴儿都应记住助产士的辛劳。

时间既快又慢，但沉浸于思考的瞬间几乎称得上永恒，能够在人生中经历如此的片段，实在是幸运。